U0159196

一期一会

日本古城百景

[日] 西谷恭弘 编著

曹宇 译

重庆出版集团 重庆出版社

版贸核渝字（2021）第 079 号

图书在版编目（CIP）数据

一期一会：日本古城百景 /（日）西谷恭弘编著；
曹宇译. — 重庆：重庆出版社，2024.6
ISBN 978-7-229-18063-8

Ⅰ.①一… Ⅱ.①西… ②曹… Ⅲ.①古城－建筑艺
术－日本 Ⅳ.① TU-863.13

中国国家版本馆 CIP 数据核字（2023）第 195127 号

一期一会：日本古城百景
YIQI YIHUI: RIBEN GUCHENG BAIJING
[日] 西谷恭弘 编著 曹 宇 译

选题策划：刘 嘉 李 子
责任编辑：陈劲杉
责任校对：杨 媚
封面设计：冰糖珠子
版式设计：侯 建

重庆出版集团
重庆出版社 出版

重庆市南岸区南滨路 162 号 1 幢 邮政编码：400061 http://www.cqph.com
重庆市国丰印务有限责任公司印刷
重庆出版集团图书发行有限公司发行
E-MAIL: fxchu@cqph.com 邮购电话：023-61520646
全国新华书店经销

开本：889mm×1194mm 1/32 印张：6 字数：300 千
2024 年 6 月第 1 版 2024 年 6 月第 1 次印刷
ISBN 978-7-229-18063-8
定价：78.00 元

如有印装质量问题，请向本集团图书发行有限公司调换：023-61520678

目录

图标分类

 世界遗产

 日本国宝

 日本重要文化古迹

 日本国家历史遗迹与名胜等

天守分类

现存天守＝保持筑城时状态的天守

木造复原天守＝依据文献和绘图等，按照当年的建造工艺，忠实复原的天守

外观复原天守＝只有外观复原为当年状态的天守（也会是钢筋混凝土制）

复建天守＝在曾有天守的同一地点，借助想象建造的天守

仿建天守＝无法确认准确地点而建造的天守

在数据中的"主要遗迹"中，不管是"复原"，还是"复建"，都用"复"字统一。

第 1 章

绝美风景！日本古城

名古屋城

展翅苍天的白鹭
姫路城

所有屋瓦被翻新，外墙被分解修理，墙
面粉刷一新，国宝姫路城天守群中的纯
白大天守又恢复了昔日的美丽。

摄影　熊谷武二

北阿尔卑斯山映衬下的古城
松本城

国宝松本城天守过去被称作"深志城"，也被当地市民称作"乌鸦城"，
四季美景各不相同。在北阿尔卑斯山被大雪覆盖的冬季，松本城景色
绝佳。

太阳映照下的古城
胜连城

作为"琉球王国城堡及相关遗产群"，冲绳有5座古城被列入《世界遗产名录》，其中，胜连城的建筑年代最为悠久，其最后的城主是阿麻和利，他因为在15世纪发动政变而为人所知。

摄影　林正树（朝日新闻社）

中城城

嘉永六年（1853年）登岛的美国海军准将佩里对该城的建造技术赞不绝口。

照片　朝日新闻社

座喜味城

据说15世纪初期，该城由读谷山按司（琉球王族中的一个位阶。——译者注）护佐丸所建，其弧度精美的石垣值得一看。

照片 朝日新闻社

充满海水的壕沟和庄重威严的石垣
今治城

今治城是美丽的三水城之一，和高松城、高岛城齐名。该城为藤堂高虎所建，其特点是人工引入的海水形成了三重壕沟。从天守能眺望到岛波海道上的来岛海峡大桥。

"清正风格"石垣令人叫绝
熊本城

在筑城专家加藤清正建造的"清正风格"的石垣上，排列着大小天守、宫殿以及五阶橹等。在明治十年（1877年）的西南战争中，该城大部被烧毁；昭和三十五年（1960年），天守外观得以复原。

摄影 西谷恭弘

天空之城
越前大野城

这是一座建造在福井县大野市龟山（海拔 249 米）上的平山城，每年 10 月至来年 3 月间，气象条件适宜时，能看见大野城浮现在云海中。

摄影　佐佐木修

但马竹田城

寒冬，城堡附近云海环绕，被称作"天空之城""日本的马丘比丘"，闻名遐迩。

照片　朝日新闻社

在天守保存完好的山城中，该城建造在最高处（海拔 430 米）。每年 11 月上旬至 12 月上旬的早晨，能看见松山城浮现在云海中。
PIXTA 图片网

备中松山城

染井吉野掩映下的天守
彦根城

在城内护城河边等处栽种了约 1200 棵樱花树，主要品种是染井吉野。每年 4 月上旬，人们可以乘坐屋形船，沿内护城河赏花。

PIXTA 图片网

白帝城的景致
犬山城

据说儒学家荻生徂徕将其命名为
"白帝城",让人联想到李白的诗
歌《早发白帝城》。

PIXTA 图片网

层塔形天守和日本最坚固的石垣

　　藤堂高虎是给城郭建设带来技术革新的筑城专家。天守一般分为两类，一类是望楼型，即在歇山式建筑的橹上建造望楼；一类是层塔型，即像五重塔那样，逐层递减每层的平面面积。而尝试层塔型筑城的就是高虎。与望楼型相比，层塔型结构简单，因此，可以有效降低成本和缩短工期。

　　高虎出生在近江国（滋贺县）犬上郡的大地主家庭。他一生最有特色的地方就在于不停变换跟随的主公，最初是浅井长政的足轻（步兵），接着先后跟随过织田信长的侄子织田信澄、丰臣秀长、丰臣秀吉、丰臣秀赖、德川家康、德川秀忠、德川家光等。

　　高虎首次发挥筑城才能是在他跟随丰臣秀长的时候，他改建了猿冈山城，修筑和歌山城时担任了施工总管。从那之后，他一生修建了二十八座城池。高虎尤其受到德川家康的器重，不仅负责江户城本丸的初期规划，还在筱山城、丹波龟山城的"天下普请"（江户幕府让近邻大名按大小远近出力建设城郭、道路、水利等土木工程。——译者注）中发挥了作用。他也是江户初期筑城热中的主要角色。

　　高虎的筑城术最大特点就是"绳张"和"石垣"的建筑方法。和加藤清正划出美丽弧线的"清正流垒石法"不同，高虎建造的石垣会在"高石垣"的下方建造被称作"犬走"的平台。伊贺上野城的石垣呈直线型，距离水面三十米高。如果再加一个特点，就是城门附近会设置斗形小广场，从而让防御更加牢固。

（宫本治雄）

与藤堂高虎相关的主要城池

猿冈山城	1585年	和歌山县
和歌山城	1585年	和歌山县
聚乐第	1586年	京都府
赤木城	1589年	三重县
宇和岛城	1596年	爱媛县
大洲城	1597年	爱媛县
膳所城	1601年	滋贺县
今治城	1602年	爱媛县
伏见城	1602年	京都府
江户城	1606年	东京都
津城	1608年	三重县
伊贺上野城	1608年	三重县
筱山城	1609年	兵库县
丹波龟山城	1609年	京都府
二条城	1619年	京都府
大阪城	1629年	大阪府

上图：矗立在津城遗址上的藤堂高虎像（位于三重县津市）

右图：支撑伊贺上野城本丸西侧高达三十米、呈直线型的"高石垣"（位于三重县伊贺市）

姫路城

姫路城
本城域鸟瞰图

北

西之丸

天守群（8处国宝） ❶大天守 ❷西小天守 ❸乾小天守 ❹东小天守 ❺イ（日语假名，读音 i）渡橹
❻ロ（ro）渡橹 ❼ハ（ha）渡橹 ❽ニ（ni）渡橹

74处重要文化财产

❶イ（i）渡橹	❼卜（to）橹	⑬带橹	⑳ヌ（nu）橹	㉗カ（ka）橹
❷ロ（ro）渡橹	❽チ（chi）橹	⑭带郭橹	㉑ヨ（yo）渡橹	㉘菱门
❸ハ（ha）渡橹	❾リ（ri）之一渡橹	⑮太鼓橹［ヘ（he）橹］	㉒ル（ru）橹	㉙い（i）门
❹ニ（ni）渡橹	❿リ（ri）之二渡橹	⑯ニ（ni）橹	㉓タ（ta）渡橹	㉚ろ（ro）门
❺ホ（no）橹	⓫折回橹	⑰ロ（ro）橹	㉔ヲ（o）橹	㉛は（ha）门
❻ヘ（he）渡橹	⓬井郭橹	⑱化妆橹	㉕レ（re）渡橹	㉜に（ni）门
		⑲カ（ka）渡橹	㉖ワ（wa）橹	㉝ヘ（he）门

三国濠

二之丸

三之丸

备前丸

备前门

上山里曲轮

后门

21

从菱门前看到的大天守。照片左边，西
小天守、乾小天守用渡橹相连。
摄影／熊谷武二

国宝·姬路城天守群

在日本，拥有众多国宝和文化财产的
姬路城最早被列入世界文化遗产名录

我们现在所看到的姬路城由姬山和鹭山构成，前者由德川家康的女婿池田辉政所建，后者则是德川家康的孙女千姬和本多忠刻再婚时用嫁妆所建。人们把姬山和鹭山称作主城，"姬路"地名来源于此。

主城中，除了书院和茶室，其他城郭建筑群完好无损。在日本，只有姬路遗址群的主城被完整保存下来。整座城郭浑然一体，将包括三之丸在内的内城［内曲轮（城郭内部按照不同机能和用途划分成小的区域，中间

由木板或城墙分隔，这些区域就被称作"曲轮"。在近代城郭内，"曲轮"也被称作"丸"。——译者注）]和城下町（以封建领主的主城为中心，在其周围发展起来的城镇。——译者注）囊括其中。姬路城由"梯郭式"风格的姬山及横向延伸的西之丸构成，整体构造为：连立式天守建在山上，大天守看上去最为壮观美丽，其通过"渡橹"（渡橹类似中国的复道，是亭台楼阁中间的过渡性建筑，大小天守阁通过渡橹连接。——译者注）连接小天守群；本丸和二之丸建在半山腰；西边则是西之丸。从下往上看，姬山层层叠叠，威风八面。

纯白墙面的大小天守群和各橹看上去如同展翅的白鹭，因为连和房瓦接缝的墙面都被涂上白灰泥，从远处望过来，如同一座"纯白之城"，因此它的别称就是"白鹭城"。

日本广播协会大河剧《军师官兵卫》播出后，有件事情引起众人的兴趣，即在姬路城历史中不太为人所道的黑田氏曾在战国时代的某个时期进驻这里。历经羽柴氏、木下氏、池田氏、本多氏等历代城主的改建、扩建，姬路城中早已无法找到官兵卫（黑田如水）时期的任何遗迹。

照片（第22—36页没有标记的全部）·文字　西谷恭弘

姫路城大天守东西截面图

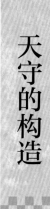

天守的构造

　　姫路城的大天守布局规整，优美壮丽。池田辉政作为德川家的女婿修建如此雄伟的大天守，目的就在于慑服西部地区那些受过丰臣家恩惠的"外样大名"（指关原会战后臣服德川氏的大名。——译者注）。这是三层建筑，下面两层歇山式建筑坐落在石垣上，最上层是望楼（内部望楼型）。不仅姫路城，其他城池亦然，提及天守，日本人不说"修建"，而用"抬举"这种表达形式。这是因为天守的最初形态是在歇山式建筑的主殿大梁上建造望楼。各层由主屋和周围的过道构成。千鸟破风内部被用作暗室，可监视过道上的来客。为了战时之需，楼梯坡度陡，让人无法轻松攀登。现在，最上层供奉着刑部大神（刑部大神很早以前是镇守姫山的神祇，也是当地的主神。——译者注），过去则是城主的战时司令部，可以瞭望城下情况。因此顶棚被吊挂起来，也没有铺设地板，而是铺设榻榻米。

　　各层墙面上，除窗户外，还有被称作"狭间"的小窗，这是为了使用火绳枪、弓箭、长矛迎击敌人而设置。

轩唐破风 ——

千鸟破风 ——

比翼歇山顶破风 ——

石打棚（武者走）——

轩唐破风 ——
唐破风间隙 ——

入侧（武者走）——

姫路城大天守
插图 青山邦彦

南面

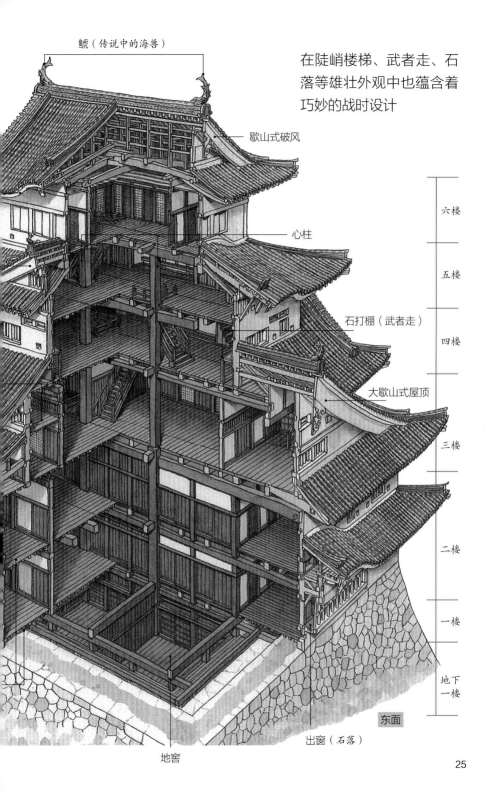

鯱（传说中的海兽）

在陡峭楼梯、武者走、石落等雄壮外观中也蕴含着巧妙的战时设计

歇山式破风

心柱

石打棚（武者走）

大歇山式屋顶

六楼

五楼

四楼

三楼

二楼

一楼

地下一楼

东面

出窗（石落）

地窖

25

大天守内部

大天守外部拥有五重屋顶，内部包括地下一楼在内共有七层楼，究竟是何种构造呢？

排列在大天守一楼内部的火绳钉（上）和火枪架

在大小天守和渡橹中，到处都有悬挂火绳枪的钉子（竹针）和排烟用的"与力窗"

大天守地下一楼的水槽。城池被围时在这里可以做饭菜

地下一楼从未使用过的厕所，下方置放着巨大的备前大缸

大天守三楼的"石打棚"

姬路城山上的天守群由四座"渡橹"连接大天守和三座小天守。大天守为五重结构，地上六层，地下一层，两根"心柱"从地下一层一直延伸到最上层。地下一层的厨房从未被使用过，与此相连的还有水槽和厕所。地上各层为战时之需，墙面上有火绳枪的挂钩、与力窗。其中，与力窗作为排烟口，可消散火绳枪击发时的烟雾，屋内的人也可通过与力窗监视趴在屋顶上的人。在破风和窗框的内侧设置有"石打棚"，可以用火绳枪、弓箭和长矛迅速应战。

由左至右为乾小天守、大天守、ハ（ha）渡橹和西小天守，近前的是二（ni）橹（从西边看天守群）

在天守群内部，有从未使用过的厨房橹

从乾小天守三楼看，左边是口（ro）渡橹、东小天守，右边是大天守

小天守和渡橹

连立式天守的姬路城由大天守和三座小天守构成天守群，其间通过"多闻橹"（在石垣上建造的单层建筑，集防御和瞭望于一体。——译者注）相连

这是天守口（ro）渡橹的二楼，在地板中央残存着筑城时文蛤斧劈砍留下的痕迹

无可挑剔的防御之城

右转、左转、掉头……
通过虎口、斗形防御，
削弱敌方攻势

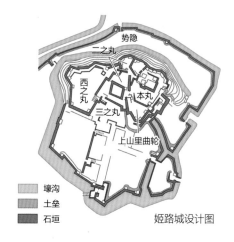

壕沟
土垒
石垣

姬路城设计图

　　从三之丸广场进入本城只有一座城门"菱门"，初期，门前方为斗形虎口（出入口被称作虎口），战时如果在城门左前方设置栅栏，就能形成双层结构的斗形防御。进入"菱门"后，通道因为"三国濠"分成三个方向。左拐就是西之丸，但要想前往本丸的备前丸，就只能直走或者右拐。如果右拐，就会遇到在石墙上穿孔建造的"埋门"，这道门战时会被封闭。因此，只能照直前往"い（i）门"。

　　通往"い（i）门"的道路夹在"三国濠"和西之丸的石墙之间，石墙上满是"狭间"，三角形（△）和圆形（○）的"狭间"用于火绳枪，长四边形（□）

"に（ni）门"位于隧道状的半地下。从"ハ（ha）门"折返，沿着和天守相反的方向前进

从菱门右转过"三国濠"就到达"る（ru）门"，它也被称作"埋门"，是在石垣上掘出隧道状的一道门，战时可以封堵起来，防备敌人入侵

从相当于后门的"と（to）四门"望过去，可以看见高耸的石垣和左上方的石落，后方是大天守

用于射箭。从"い（i）门"穿过"ろ（ro）门"，折返掉头，通往"は（ha）门"。在坡道上排列着面朝"ろ（ro）门"和二之丸平地的"狭间"。"は（ha）门"是橹门，用圆斧砍制而成的门柱让人印象深刻。"ろ（ro）门"里面的狭小平地上，凸出到"ろ（ro）续橹"巨大的"石落"（为了攻击建筑物底部的敌军而设置的向下的开口，配有可开启的盖板，一般设置在天守、橹或者橹门上。——译者注）开口挡住去路。在这条从"ろ（ro）门"通往天守的道路上仰视天守群，给人的冲击感最强，和从东边望过来的情景一样，让姬路城看上去是一座易守难攻的天然要塞。

　　从"い（i）门"踏入本城，如前往天守，要来回折返，犹如迷宫。穿过隧道状、位于地下的"に（ni）门"，从"ほ（ha）门"进入本丸。前往天守，先要急转弯，从"水一门"到"水三门"，要不断下坡，七绕八转。而且，从"水三门"到"水五门"之间的石阶，不管宽度，还是高低差，都不尽相同，许多敌人会在这里打趔趄。姬路城中的防御系统配置巧妙，可以有效削弱敌方攻势。

从"水二门"通向"水三门"。要进入天守，须不断折返，下坡道，上石阶

在长墙上掘出的〇形或口△形的"狭间"

姬路城的历史

经过秀吉、辉政等人的大规模改建，到了庆长年间，姬路城规模堪称西日本第一

姬路城旧照。明治七年（1874年），在姬路城归属陆军省管辖前所拍，左下方能看见绘图门。长崎大学图书馆收藏

姬路城旧照。明治初年所拍。高石市教育委员会收藏

　　赤松氏大本营位于梦前町的置盐城，姬山城是其支城，在此基础上，御着城主小寺氏修建了姬路城，后来由黑田识隆、黑田孝高（如水）父子代管。天正五年（1577年），羽柴秀吉为攻打山阳山阴地区（日本本州西部冈山县、广岛县、山口县、岛根县、鸟取县所辖区域，也称"中国地区"，为与我国区分，本书统称山阳山阴。——译者注），正在寻找大本营所在地，当时已经归属织田信长的孝高便将此城献给秀吉，自己迁往国府山城。秀吉以梯郭式风格在姬山修建了石垣构造的平山城，将东侧大门作为正门。之后，秀吉又相继让弟弟秀长、木下家定做了城主。

根据众多古代图本推算描绘出的江户末期"姬路城鸟瞰图"。兵库县历史博物馆收藏（高桥秀吉收集）

浮世绘画师歌川贞秀创作的《真柴久吉公播州姬路城郭筑之图》。兵库县历史博物馆收藏

在关原之战中夺取天下的德川家康命令女儿督姬的再婚丈夫池田辉政修建一座白色之城，以此震慑曾受过丰臣家恩惠的毛利氏、福岛氏，而白旗曾是源氏的旗帜。池田氏之后，本多忠政进入姬路城，其长子忠刻也迎娶德川家的女子千姬（德川家康的孙女，曾是丰臣秀赖的正室）作为再婚妻子，并用千姬的嫁妆增建了西之丸，在三之丸中营造了武藏野大殿。本多氏之后，城主几易其人，榊原氏、酒井氏、本多氏等等，直至进入明治维新时期。

明治四年（1871年），明治政府将姬路城交由兵部省管辖，三年后，决定拆毁三之丸，并将步兵第十联队派驻到此。但中标者因为拆迁工程需要高额资金，便搁置不管。大天守屋檐掉落，房瓦破裂，白墙涂料也不断剥落。明治十年（1877年），西南战争结束，中村重野大佐进京途中，路过姬路联队，目睹姬路城荒废不堪的惨状目瞪口呆，返回时，他又在归途中路过名古屋城。中村大佐自费编制了修复姬路城和名古屋城的物品清单和预算书，并向陆军大臣山县有朋陈情，随后，政府开始出面保护这两座古城。

如水居士像。福冈县崇福寺收藏

池田辉政画像。鸟取县博物馆收藏

祭祀千姬的千姬八幡宫

巡游姬路城

经过秀吉、辉政等人的大规模改建，到了庆长年间，姬路城规模堪称西日本第一

　　姬路城中的看点很多。如果要列举本城中的亮点，首先是位于"带橹"下方的石垣，在日本，它的高度名列第三，仅次于大阪城和伊贺上野城的石垣。另外，下山里曲轮中有许多供奉死者的石塔。在丰臣秀吉时期，让普通百姓将民间石塔上交出来，作为建造城池的石材。在各处石垣中，还使用了古坟时代的古石棺作为建筑材料。除了石塔，石灯笼也被用作建材。

　　在建筑物中，除了ロ（ro）渡橹中文蛤斧的痕迹外，带有许多金属件的"菱门"窗户和支柱也是看点之一。带橹的外观虽说是明柱墙结构，但内部却铺设着书院风格的地板和榻榻米。在各建筑物屋瓦前端的圆形瓦头上，装饰着建造或修缮该城城主的家徽，瓦头和瓦头之间的屋檐前方的平瓦使用了在中国和朝鲜都使用的滴水瓦，这种瓦片中间垂落。屋脊端头的"鬼瓦"和"鯱瓦"都是手工制作，表情各不相同。

　　西之丸的西侧和北侧之间不用围墙，而是通过建造在石垣上方的多闻橹相连，而石垣建在势隐的原始树林的斜面上。由于原始树林地势险峻，人难以靠近。

"❺带橹"（右）和"❻带郭橹"（左）建造在日本第三高的石垣上，是防守后门的核心"橹"

通向本丸的入口。"❶ほ（ho）门"也是"埋门"形式的门。战时，防御方可以用泥砂将门内侧填埋起来

天守群入口的"❷水一门"和"油挡墙"（右）。据说土墙的油挡墙是丰臣秀吉时期的遗迹

"❹と（to）四门"（右）和天守。据说"と（to）四门"是秀吉从置盐城转运过来的，是城中唯一的鱼鳞板门

带有弧度的"❸ハ（ha）渡橹二（ni）渡橹"。本丸北侧是陡峭山崖，还有原始树林。石垣没有建造成直线型，土垒上的橹也建造成弧形

"❺带橹"内部有榻榻米地板和橱架，具有书院风格。据说这些是池田辉政或者木下氏时期的遗迹

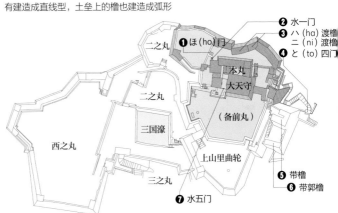

❷ 水一门
❸ ハ（ha）渡橹 二（ni）渡橹
❹ と（to）四门

二之丸
❶ ほ（ho）门
本丸
大天守
（备前丸）
二之丸
三国濠
三之丸
西之丸
上山里曲轮
三之丸
❺ 带橹
❻ 带郭橹
❼ 水五门

二之丸・西之丸・上山里曲轮

上山里曲轮的"⑩チ（chi）橹"（右）和"⑨リ（ri）渡橹"。两橹相连，监视着三国濠、"菱门"和三之丸。高石垣上排列着石落和格子窗

带有弧度、采用"算木积法"（将长方形的石头相互穿插堆叠的一种办法，可以加强石垣四边的强度）的高石垣。"⑧ぬ（nu）门"前方的石垣是将加工成长方形的石头交错叠加建成的，上方的角度很陡

相当于本城正门的"⑫菱门"。据说这曾是旧伏见城的"橹门"

与西之丸相连的多闻橹的内部被叫作"长局"，作为千姬侍女等候召唤的地方，这里被分成很多房间。左侧是向外凸出的"石落"

西之丸的多闻橹群和"⑪ル（ru）橹"。西之丸的北侧和西侧有七座多闻橹相连，戒备森严

⑭は（ha）门

⑬化妆橹

ル（ru）橹
⑪

二之丸

二之丸

本丸
大天守

（备前丸）

三国濠

⑧ぬ（nu）门

西之丸

三之丸

上山里曲轮

⑫菱门

⑨リ（ri）渡橹
⑩チ（chi）橹

通向二之丸 "⑭は（ha）门" 的坡道和围墙。围墙上有 "狭间"

"⑧ぬ（nu）门"。这是两层橹门，位于从二之丸进入本丸、上山里的虎口处。日本留存至今的二层橹门只有 "⑧ぬ（nu）门" 和天守的 "⑦水五门"

姬路城的石材中有许多代用品，如古坟的石棺、石臼、供奉死者的石塔等。照片中的 "⑭は（ha）门" 基石就是取自石灯笼，据说是羽柴秀吉时期遗留下来的

矗立在西之丸中心区域的 "⑬化妆橹"。千姬去男山八幡宫参拜时，会在这里的房间中休息

西之丸 "⑬化妆橹" 内部。铺着榻榻米，书院风格。据说是千姬用过的房间

传说：播州皿宅子的菊井等

在昭和大维修（1956—1964年）之前，大天守有点儿倾斜。传说天守竣工后，总工头樱井源兵卫就发现了这个问题，便把自己埋进去。另外，在丰臣秀吉让城池周边进献石材时，一个老太婆献上石臼，和这个传说有关的石头被称作"老婆婆石"。那个和播州皿宅子传说有关的"菊井"在上山里曲轮。

天守曲轮西北石墙中的姥婆石（图片下方的网中）

上山里曲轮的"菊井"。虽说是水井，实际是一口空井，也有人说那是"谜一般的暗道"

屋瓦上的基督教大名的十字纹

姬路城许多镫瓦的瓦头上有扬羽蝶的阳刻纹，而且屋檐前端的滴水瓦上也有扬羽蝶的图案。扬羽蝶纹是池田辉政的家徽。顺便提一句，辉政的孙子光政在鸟取城采用的是阴刻扬羽蝶纹。还能看见在池田氏之后历代城主的家徽，如本多氏的三叶葵、奥平松平氏的小幡团扇、榊原氏的牛车、松平氏的三巴纹、酒井氏的剑酢浆等。除此之外，还有十字纹和泡桐纹。

"ハ（ha）橹"。唐破风的鬼瓦上刻有基督教的十字纹。据说是信奉基督教的大名黑田如水（官兵卫）修建了唐破风

在大天守上发现了幻想之窗

重现当初建城规划的想象图（上）和现存的大天守。这次修缮期间，当大天守最上层板壁被分解开后，从四个角落的墙壁中发现八处有门槛和上框。现存大天守南北向各有五扇窗户，东西向各有三扇窗户。我们可以认为：当初筑城计划是尽量开窗以达到360°眺望无死角的效果，但中途变更，将四个角落的窗户封堵上，变成墙壁。

（宫本治雄）

姫路城航拍

【数据】🏯 连立式・望楼型/五屋六楼、地下一层

别称	白鹭城
筑城年代	正平元年・贞和二年（1346年）
筑城者	赤松氏
主要改建者	黑田重隆、羽柴秀吉、池田辉政
构造/主要遗迹	平山城/天守、橹、门、挡墙、石垣、壕沟、土垒、庭园
所在地	兵库县姫路市
交通	从JR姫路站徒步约20分钟

清正也认可的固若金汤的城池

筑城用于实战。这就是黑田如水（官兵卫）建造城池的根本出发点。筑城名人加藤清正的一句话可以证明这点，"我自己建造的城池三四天就会陷落，而福冈城三四十天也不会陷落"。

如水是姬路城代理城主黑田职隆的儿子，他自己也做过代理城主。在羽柴秀吉的引荐下，如水倒向织田信长一方，并在天正五年（1577 年）将姬路城献给进驻播磨国（兵库县）的羽柴秀吉，加入攻打山阳山阴地区的战斗。之后，他还参加了攻打九州地区和侵略朝鲜的战斗。在秀吉死后的关原之战中，如水加入德川一方，战后，他继承家业的儿子长政受封筑前国（福冈县），父子二人一同前往，在那里建造了福冈城。

作为筑城专家，如水在本能寺事变后的第二年便负责规划大阪城。攻陷九州地区后，秀吉将丰前国（大分县）赏赐给如水，他在中津川河口建造了中津城，将海水引入壕沟，使其变成一座水城。最近的研究表明中津城的天守是如水建造的，但在细川忠兴时期被毁坏了。

秀吉出兵朝鲜时建造了名护屋城，当时清正负责石垣工程，而如水负责总体规划。同一时期，在秀吉的要求下，他还参与了广岛城的规划工作。

至于开头提到的福冈城，过去人们认为如水顾忌德川幕府而没有建造天守，但近年来弄清楚了——天守是后来被毁掉的。

（宫本治雄）

黑田如水参与建造的主要城池

大阪城	1583 年	大阪府
中津城	1588 年	大分县
广岛城	1589 年	广岛县
高松城	1590 年	香川县
名护屋城	1592 年	佐贺县
福冈城	1607 年	福冈县

黑田如水画像
大分县历史博
物馆收藏

黑田时代建造的中津城的石垣（位于大分县中津市）
照片　朝日新闻社

彦根城、松本城、犬山城

彦根城

彦根是交通要道和战略要地。其位于北国驿道和中山驿道交会处，而北国驿道连接了京都和北陆地区，中山驿道则通向东海地区和中部地区。而且，通过琵琶湖的水上交通，可以从彦根到达对岸的坂本，还能从湖面上经由木津川穿到京都和大阪。

中山驿道和北国驿道原本在米原交会，但织田信长为了让这两条驿道在彦根以东，佐和山城山脚下汇合，就让人开凿折山坡，缩短原来的中山驿道，之后从岐阜城迁移到安土城。其间的两年中，他暂时住在佐和山城，在和彦根城之间的松原内湖中建造了超大型的骏足船（快船。——译者注），航行于坂本和大阪之间。

信长身亡后，丰臣秀吉让石田三成做佐和山城的城主。众所周知，关原之战后，三成被斩杀，佐和山城也被彻底废弃。

庆长七年（1602 年），德川家康任命德川四大天王之一的井伊直政为佐和山城主。

【数据】	复合式·望楼型／三层三楼，地下一楼
别称	金龟城
筑城年代	庆长十二年（1607 年）
筑城者	井伊直继
构造／主要遗迹	平山城／天守、橹、门、挡墙、马厩、石垣、壕沟、土垒
所在地	滋贺县彦根市金龟町
交通	从 JR 彦根站徒步约10 分钟

彦根城天守截面图

照片（第 40—49 页没有标记的全部）·文字西谷恭弘

天守东南面（右侧为平房）。右边为付多闻橹，中央处人字形屋顶的平橹是金库

　　直政决定建造新城来取代无法使用的佐和山城。新的筑城地定在琵琶湖上一个名叫金龟山（也叫矶山）的岛上，首先开始填湖造地。在填湖造地时留下了环绕彦根城的三重壕沟。二之丸环绕着内城，又引入芹川水，构筑外城郭壕沟，连同城下町都包围在内。

　　筑城时，德川家康命令和丰臣秀吉家关系紧密的十二个"外样大名"协助建造。这是关原之战后德川政权首次下达的"天下普请"令。时至今日，在宽大壕沟和高大的石垣上能看见各家技法，似乎向我们讲述着当年的"天下普请"。

架设在天秤橹和空壕沟上的廊下桥

西之丸的三重橹。据说是将小谷城天守迁移过来的。近前的石垣下方是空壕沟

天守西面（山墙侧）。近前的是西之丸，天守左侧是付橹

专栏

倒柱结构

　　彦根城天守内部也随处是看点。要进入天守，就要从东侧的多闻橹穿过付橹，到达天守入口处。付橹内部的横梁材料都是能有效减轻承载力的弯曲材料。天守的支柱，尤其"武者走"外侧的柱子，建造时都略微有点倾向内侧。这被称作"倒柱结构"，作用在于能收紧整座高层建筑。

天守付橹中的完美弯曲材料

琵琶湖入江

西之丸

本丸

天秤橹

壕沟
土垒
石垣 彦根城规划图

玄宫园的林泉庭是借景天守的城郭庭园

彦根城的天守被指定为国宝。赤备井伊家是德川四大天王之一，年俸为二十五万石，作为他们家的居城，三层天守的确太局促，按规格应是五层天守。为何建成现存规模的天守呢？因为这个三层天守是由大津城天守（四层结构）迁移过来的。关原之战时，京极高次的居城大津城遭到西军攻打，但天守没有被完全烧毁，残留下来。在建造彦根城时，因为人们说大津城天守运气好，就把其迁移至此。

不仅大津城天守，据说还有许多建筑是从别处迁来的，如佐和口多闻橹来自佐和山城，天秤橹来自长滨城，西之丸三重橹原是小谷城天守，山崎曲轮中的三重橹原是长滨城天守等。或许这些有关建筑迁移的传说是为了让琵琶湖东面和北面的民众知晓天下已经从织田信长、丰臣秀吉政权更替为德川时代。

在许多残存的彦根城遗迹中，首先要关注从大津城迁来的三层天守。在两面山墙的两个歇山式屋顶上有"唐破风"和两个"人字形破风"，在两面纵墙上有"唐破风""置千鸟破风"和两个"人字形破风"，整个天守上合计有十八个破风装饰。二层和三层窗户统一为"华头窗"，一侧窗户统一为"武者窗"。而且，三层带有高栏杆的旋转廊台的破风上也装饰着金属器件。装饰如此华美的天守恐怕只此一个。还有一栋建筑值得关注，那就是在进入二之丸佐和口门的地方，保留着日本唯一一个城郭内马厩。二之丸中还保存着玄宫园、乐乐园等庭园，还有"御殿"、茶室等。

松本城

　　松本城是建造在信州松本平的一座平城，背后就是北阿尔卑斯山和美原高原。当时信浓国的小笠原氏于天文十九年（1550年）建造该城作为守护所（地方军事官员办公处。——译者注），从而取代松本城南面的井川城。之后，武田信玄改建。如果发生战斗，可以躲藏在其东南的险峻山城林城（林小城）中。时至今日，在林城中，当年兴盛时期的石垣还保存完好。武田灭亡后，木曾氏进入松本城。之后的天正十八年（1590年），石川数正入城并进行了大规模改建修缮，一直到他儿子康长时期，保存至今的本丸、二之丸的石垣、壕沟才修缮完毕。天守也是在康长时期，庆长初年（1596年）左右才正式竣工。

　　为了防止雪国地区的积雪和融雪所带来的损害，除了大天守、小天守外，各橹、门和挡墙等处都带有护墙板，还涂上了黑灰泥。在天守和橹的多层屋顶中还设置有消除冰柱的底瓦。

【 数据 】

复合连接式·层塔型／五层六楼

别称	乌城
筑城年代	天文十九年（1550年）
筑城者	小笠原贞庆
主要改建者	松平直政
构造／主要遗迹	平城／天守、石垣、土垒、壕沟、二之丸地窖、黑门、太鼓门（复）
所在地	长野县松本市丸之内
交通	从JR松本站坐公交到"松本城黑门"下车，徒步约3分钟

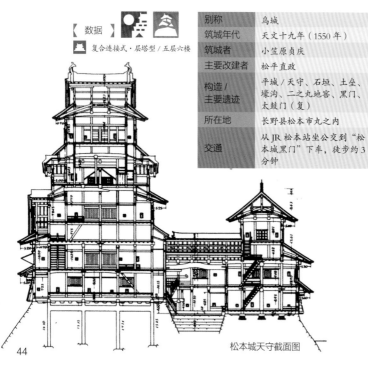

松本城天守截面图

从南侧看到的大天守，左边乾小天守，右边是辰巳付橹和月见橹

　　天守建成的数十年后，当时的城主松平直政在宽永年间（1624—1644年）在大天守东南侧增建了月见橹。这是一个建在石垣上方、四坡顶屋面的开放式橹，三面通畅，屋外环绕着朱红色的回廊和高围栏。这个增加的建筑向人们讲述着当时的太平盛世。

　　如果看看明治维新时期的老照片，就会发现大天守有点倾斜，俨然向西低头。其中有个传说，贞享三年（1686年），因为灾荒而揭竿而起的庄屋加助被逮捕，和其他十七人一道被处死，当时，加助瞪着天守，说"我死后，如果还不减租，我就把天守弄歪给你们看"。

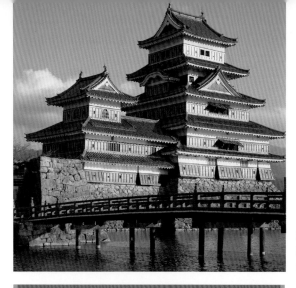

大小天守的黑漆板壁在夕阳映照下闪闪发亮。左边是埋门的石垣

如果靠近观察耸立在松本城中的大天守，就会发现和在书本、照片中看见的大天守印象不同。事实上，在现地抬头仰望，会发现大天守看上去比照片中的样子显得小一点。这是照相机镜头的缘故，在印刷品上的照片中，又高又远的地方会变小。在实地仰望大天守上部，就会发现四层和五层同样大小。一般情况下，天守每增高一层，就会递减一间屋子面积，由此才会看起来威风凛凛。

实际上，建城之初，松本城大天守的第五层也少了一间屋子，减少的面积用来建造高栏杆的回廊。就像高知城、熊本城的宇土橹的最上层一样，带有栏杆的外廊环绕在最上层的外侧。

但是，城池所在的松本平是盆地，冬天暴风雪肆虐。到了冬季，不仅无法外出到回廊上，而且回廊本身很快也会腐烂。因此，江户初期，对五层进行改建，把回廊包含进屋内，最后就呈现出如今看到的这种头重脚轻的外观形态。

大天守通过二层渡橹和三层的乾小天守相连。还有一种说法，即乾小天守中柱子间距离和大天守中柱子间不同，所以认为乾小天守建造年代更早。不管怎样，到了石川康长时期，就形成了大天守和乾小天守并排的连接式天守。

到了松平直政时期，辰巳付橹和月见橹被增建，最后形成了今天看到的复合连接式天守。

开向本丸南侧的斗形虎口的黑门和城东侧的二之丸中都复原了太鼓橹。在御殿遗址处残存着一栋向本丸一侧开门的金库，这是看点之一。

宽永十三年（1636年）增建的月见橹。背后就是辰巳付橹，再往后就是大天守

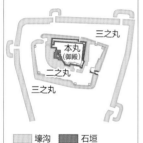

| 壕沟 | 石垣 |

松本城规划图

三之丸

本丸（御殿）

二之丸

三之丸

从东侧眺望松本城和北阿尔卑斯山。近前的是二之丸的太鼓门，内里是太鼓橹

专栏

没有天花板的大小天守最上层

因为天守最上层是城主用于观察和指挥的大本营，所以会吊有天花板顶棚，下铺榻榻米。但松本城的大天守和乾小天守的最上层没有天花板。因为最上层寒风凛冽，所以四层有城主的居室，还有铺榻榻米所需的物件。因为最上层没有天花板，我们能清楚看到让房梁椽子形成坡度的跳木板。

大天守最上层的小屋

犬山城

带有国宝天守的犬山城位于面朝木曾川的山丘上。从"日本莱茵河"终点的河滩上仰望到的天守，风景极佳，庄重威严，不愧被荻生徂徕命名为"白帝城"。

天守是望楼搭建在二层的大歇山顶建筑上方的类型，向我们展示着其当年的形态。而且，一层内部有"壁龛间"和放置着错落有致储物架的"书房"，造型古朴。

也有一种说法，认为天守是战国时代从金山城迁来的。因此，犬山城天守作为日本最早的天守遗迹，被指定为国宝。但在昭和三十年代（1955—1965年）后半期的解体修缮中，发现望楼是元和六年（1620年）成濑正成改建城郭时增建的，一层的书房也是后世改建的。至于天守带有歇山顶的二层，修建年代不详。最上层有"华头窗"，但那不过是装饰，只有窗框。

【数据】复合式·望楼型/三层四楼，地下两层

别称	白帝城
筑城年代	文明元年（1469年）
筑城者	织田广近
主要改建者	石川光吉、成濑正成
构造/主要遗迹	平山城/天守、石垣、土垒、橹、门（仿制）
所在地	爱知县犬山市犬山
交通	从名铁犬山游园站徒步约15分钟

水壕
空壕
石垣

犬山城规划图

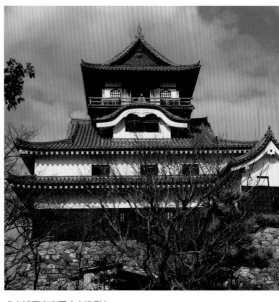

犬山城天守南面（山墙侧）

木曾川冲刷下的犬山城山丘。左上是天守，右边的山丘曾是织田信长的大本营——伊木山城遗址

后方牢固的城池

　　犬山城位于浓尾国国境处，本丸靠近湍急的木曾川，而且天守建造在西边断崖处的天守台石垣上。这种地形让敌人很难从后方的木曾川河滩处发起攻击，城池在东侧呈阶梯状，由本丸、二之丸（杉之丸、松之丸、桐之丸、枞之丸）、三之丸、外城郭构成。我们把这种城池配置称作"后方坚固之城"。姬路城、赤穗城、冈崎城、滨松城、小诸城、平户城、唐津城等都是"后方坚固之城"。

天守一层的"武者走"和书房

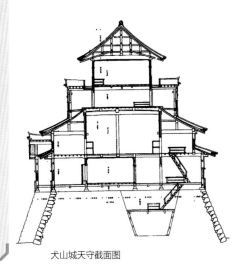

犬山城天守截面图

49

石 垣 之 美 和 困 守 对 策

　　石垣下方的坡度平缓，越往上就变得越陡峻，几近垂直。熊本城的石垣被称作"清正流垒石"，由筑城名人加藤清正构筑，其造型独特，让敌人完全无法进攻。而且，这种上翘的石垣也是美丽熊本城的象征。

　　加藤出生在尾张国爱知郡中村（爱知县），和同乡丰臣秀吉是远亲，自幼就是秀吉麾下的部将，在贱岳战中战功显赫，是"七杆枪"之一，之后也跟随秀吉转战南北，成为肥后半国（熊本县）的领主，在出兵朝鲜的战争中，他也担负着先遣队的任务。秀吉死后，在关原之战中，加藤支持东军，取得胜利后，被任命为享受五十四万石年俸的大大名。就是从那时开始，他便尽心尽力地加强熊本城的防务和城下町的建设。藤堂高虎和加藤清正并称"筑城双璧"。前者的筑城术就是彻底贯彻坚守防卫思想，不放敌方一兵一卒进城。而清正就像我们在那个石垣构造中所看到的一样，虽然同样注重坚守防卫，但也注重万一被敌人突破后的"困守"对策。他曾经遭遇过城池被围，因此在熊本城内各处，甚至在大小天守的地下都开挖了水井。

　　之后，清正还参加了江户城、名古屋城等城池的"天下普请"工作，他的石垣建造术技压群雄。据说只有由清正负责建造的江户城富士见橹下的石垣即便遭遇暴雨也不会坍塌。

（宫本治雄）

加藤清正参与建造的主要城池

佐敷城	1589 年	熊本县
名护屋城	1592 年	佐贺县
宇土城	1600 年	熊本县
大分府内城	1602 年	大分县
江户城	1606 年	东京都
熊本城	1607 年	熊本县
名古屋城	1610 年	爱知县

加藤清正画像
名古屋市秀吉清正纪念
馆收藏

熊本城石垣越往上坡度越陡的"清
正流垒石法"（位于熊本市）
照片 朝日新闻社

第 4 章

现存天守之城

松江城

御三层橹（天守）东北面的外观。人字形破风和"狭间"在外观上都是统一的

弘前城

替代天守的"御三层橹"

弘前城中保存着四座三层橹，其中，本丸东南的橹在当地被叫作天守。准确来说，这座本丸东南的橹作为"御三层橹"建于文化七年（1810年），替代天守。

江户时代，大名要修缮居城，必须向幕府提交申请。津轻家向幕府提出改建申请——把本丸的辰巳橹的木屋顶换成铜板瓦屋顶，从一层到三层递减一间房屋，获得允准，便将这栋建筑改为层塔型天守样式。就这样，竣工后的辰巳橹被称作"御橹"，也就是代替天守功能的"御三层橹"。

现在，本丸西南角有个石垣高台。初建弘前城时，津轻信枚在这里建造了五层天守，但很快因为雷击而烧毁。另外，其他三座三层橹都是望楼型，即在二层的大歇山顶上搭建第三层，这些都建造于庆长年间（1596—1615年）后期，构造古朴。

照片（第52—71页没有标记的全部）・文字　西谷恭弘

弘前城二之丸的辰巳橹。采用庆长年间（1596—1615 年）技法建造

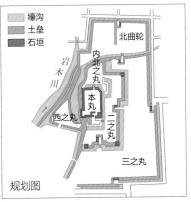
规划图

图例：
- 壕沟
- 土垒
- 石垣

岩木川
北曲轮
内北之丸
本丸
西之丸
二之丸
三之丸

【数据】 独立式·层塔型／三层三楼

别称	鹰冈城、高冈城
筑城年代	庆长十六年（1611 年）
筑城者	津轻为信、津轻信枚
主要改建者	津轻宁亲
构造／主要遗迹	平山城／天守、橹、门、石垣、土垒、壕沟
所在地	青森县弘前市下白银町
交通	从JR 弘前站坐公交在"市役所前"下车即到

专栏
橹门

　　弘前城现存的橹、门、挡墙的顶面都是铜板瓦或木板，其上再铺铜板。也有一部分挡墙的屋顶就只铺着木板。之所以不像其他城池那样采用黏土烧制瓦，是因为烧制瓦是陶器，遇到严寒就会断裂。因此，这里的人们把橡子树切成薄板，再分割成宽 30 厘米、长 35 厘米的板材，铺在房顶上，能有效抵御风雪。这就是木面屋顶。所谓铜板瓦，就是将铜板嵌在雕刻好的木头上，这和金泽城中看到的铅瓦一样，是寒冷地区特有的方式。

弘前城的丑寅橹。在各层的木屋顶上又铺了铜板，防止腐朽

御三层橹（相当于天守）

三之丸正门橹门。这是古式橹门，铜板瓦，露柱墙

丸冈城

丸冈城天守在昭和二十三年（1948年）的福井大地震中倒塌，昭和三十年（1955年）利用原部件再次重建而成。这次重建时，因为在大地震前基石上就没有整座建筑的支柱，采用了将石柱埋在地下的"埋立柱"构造，沿袭了中世纪普遍采用的建筑样式。

屋顶铺设了用"笏谷石"加工而成

丸冈城天守。传递出古法天守建筑的外貌

的石瓦，因为在寒冷的北陆地区，黏土烧制瓦会在冬季断裂。

据说天守是柴田胜家的侄子胜丰在天正四年至六年（1576—1578年）修建。就它倒塌前的构造而言，可谓是日本最古老的天守遗迹。

因为大地震倒塌，之后重建，所以该城不是国宝，而是重要文化古迹。不过，用原木建造的天守矗立在用许多替代石材建造而成的石垣上，总让人联想到古代武士的风采。

天守为二层三楼结构，最上层有望楼，环绕着回廊。这个回廊、支柱和檐椽都是原木建造，依旧是古式风格。

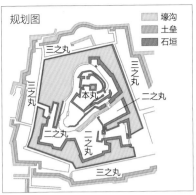

规划图

壕沟
土垒
石垣

三之丸
三之丸
三之丸
二之丸
本丸
二之丸
二之丸
三之丸

【数据】 独立式·望楼型／二层三楼

别称	霞城
筑城年代	天正四年（1576 年）
筑城者	柴田胜丰
构造／主要遗迹	平山城／天守、门、石垣
所在地	福井县坂井市丸冈町
交通	从 JR 福井站坐公交在"丸冈城"下车即到

天守的纵墙侧。望楼型，在一层和石垣之间有腰檐环绕

专栏
石瓦

　　丸冈城利用当地称作"笏谷石"的火山岩，进行雕刻，制作各种屋瓦，如圆瓦、平瓦、檐平瓦、镫瓦、鬼瓦，甚至还有鯱。笏谷石在一乘谷城和一乘谷朝仓氏馆中也作为石瓦使用。在关东地区，佐久山城和佐久山宅邸众所周知，它们使用的石瓦是由矢板平野出产的平野石雕刻而成。平野石也属于火山岩系列。

福井大地震时掉落下来的石鯱

松江城

留存在宍道湖畔的松江城最初由堀尾吉晴、堀尾忠氏父子建造，父子二人因为关原之战的战功，获封出云地区的二十四万石年俸。吉晴父子先进入月山富田城，那曾是在战国时代称霸中国地区的尼子氏的居城，但因为地处山间，他们决定在水陆交通等战略位置更为优越的地方建造新城。

吉晴父子在大桥川注入宍道湖的龟田山处规划了梯郭式城池。在这座所有垒墙都被高大石垣加固的城池中，除了天守，还有十一座二层橹，十七道门。筑城工程开始后，历经四年，大体完成后，近江出身的望族京极忠高取代堀尾家，进入城中。接着，宽永十五年（1638年），德川一族的结城秀康的三儿子松平直政受封十八万六千石俸禄，进入城中，一直延续到明治年间。

现在，岛根县政府大楼临近高石垣耸立的城山公园。

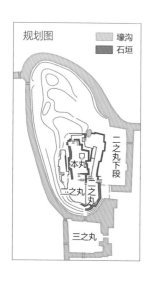

规划图
- ▢ 壕沟
- ▇ 石垣

二之丸下段
本丸
二之丸
三之丸

【数据】 🏯 复合式·望楼型／四层五楼，地下一层

别称	千鸟城
筑城年代	庆长十六年（1611年）
筑城者	堀尾吉晴、堀尾忠氏
主要改建者	京极忠高
构造／主要遗迹	平山城／天守、石垣、壕沟、橹、门、桥（复）
所在地	岛根县松江市殿町
交通	从 JR 松江站徒步约 20 分钟

松江城天守。这是复合式天守，五层天守连接着有出入口的付橹

　　这个县政府所在地曾经是三之丸遗迹，在松平氏年代建有居所和藩厅。从县政府北侧，通过廊下桥和龟田山的本城区域相连。穿过廊下桥，登上山坡，就是二之丸。近年，二之丸中复原了南橹、中橹、挡墙等建筑。

　　松江城的雅称是"千鸟城"。这是因为在天守第三层的山墙侧有向外凸出的置千鸟破风，而整座天守外部只有粗陋的鱼鳞板，只有这个千鸟破风是唯一华丽的装饰。天守第二层的四角建造得比第一层大，把一般建在第一层的"石落"（用落石进攻爬到天守台石垣上的敌人）放在第二层，的确少见。

天守的山墙侧。第二层平面比第一层大。第二层四角有"石落"构造

在松江城二之丸复原的南橹（近前）、天守（后方）

因为南橹、中橹和连接这些建筑的挡墙得以复原重建，松江城二之丸面貌一新。仔细观察这些二之丸复原建筑的下方，就会发现在高石垣下，临近护城河的地方环绕着带状的砂土道。这就是被称作"犬走"的防御设施。为了阻止越过壕沟的敌人直接攀爬石垣，可以在石垣上对其进行射杀。在藤堂高虎建造的城池中，如津城、今治城、筱山城等，多会采用"犬走"设施。

在重建的二之丸南橹、中橹下方的石垣处，面朝壕沟，左右都配置了"犬走"台

本丸祈祷橹下方的高石垣、天守

位于天守前方被复原的本丸的橹、门和挡墙

备中松山城

茶人小堀远州建造

备中松山城是近代山城，位于海拔 430 米的小松山顶，从天守以下，本丸、二之丸、三之丸都被石垣、各橹、挡墙、门等围绕，防御坚固。筑城者是堪称日本第一的著名筑城家小堀政一，他是幕府直辖领地的地方官。政一也是众所周知的茶人，受封的名字叫远州。政一之前建造的城池位于小松山的后方、海拔更高（486 米）的大松山上，那里留有中世纪的石垣和水池。

现存天守位于地势险峻的山顶上，二层已经足够高。天守后方，一座二层橹残存在岩盘上，通过廊下挡墙和天守相连，带有小天守的作用。本丸的橹、门、挡墙位于天守前方，不过，这些本丸的橹、门都是最近复原的。城内最大的看点就是正门处层叠的高石垣。

【数据】 复合式·层塔型／二层二楼	
别称	高梁城
筑城年代	仁治元年（1240 年）
筑城者	秋叶重信
主要改建者	三村元亲、水谷胜宗
构造／主要遗迹	连郭式山城／天守、橹、挡墙、石垣、土垒、门（复原）
所在地	冈山县高梁市内山下
交通	从 JR 备中高梁站徒步约 50 分钟

天守。近前左侧有诘丸第八橹延伸下去的多闻橹

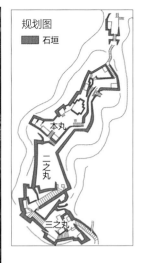

规划图
石垣
本丸
二之丸
三之丸

山城区域正门的高石垣。其威
严、美丽堪称日本第一

备中松山城内有日本最低的现存天守。在近代城郭中，这种真正的山城天守实属罕见。因为天守建在山城顶部，所以两层高也足够。鸟取城、笠间城也同样是近代山城，它们的天守也是二层结构。萩城的指月山山脚下有五层天守，但在山顶处只有一座相当于天守的二层橹。这些近代山城之所以建造两层天守，或许是顾忌幕府吧。

廊下挡墙连接起本丸二重橹和天守

天守北面（靠海一侧）。左边是二之丸的石垣

丸龟城

高抗震结构
的"火打梁"

　　面朝濑户内海的丸龟城在海拔 66.6 米的山丘上留存下独立式天守。丰臣秀吉的大名生驹亲正在庆长二年（1597 年）初建该城，但之后就成为废城。今天我们看到的遗迹是山崎家治在宽永十九年（1642年）重建留下的。现存的三层天守是万治三年（1660年）京极高知建造的。从江户时代直至当代，大地震频发，但因为各层都有"火打梁"（一直延伸到檐椽内侧的部件）构造，整座天守纹丝不动，矗立至今。

　　天守位于阶梯状的高石垣之上，这个石垣的总高度（各层石垣的合计高度）是日本第一。山脚下留有斗形虎口的正门、石桥、书院门、三之丸哨所、廊下挡墙等。

正门和后方的天守

御殿门和后方的天守。左手处有廊下桥

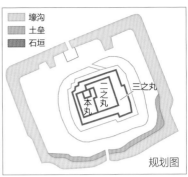

壕沟
土垒
石垣

三之丸
二之丸
本丸

规划图

【数据】	独立式·层塔型／三层三楼	

别称	龟山城、蓬莱城
筑城年代	室町初期
筑城者	奈良元安
主要改建者	生驹亲正、山崎家治
构造／主要遗迹	平山城／天守、门、长平房、哨所、石垣、壕沟
所在地	香川县丸龟市一番丁
交通	从 JR 丸龟站徒步约 15 分钟

专栏
木图

在丸龟城大手门（正门）西侧，进入山下曲轮御殿大门处，有丸龟市立资料馆，那里保存着"丸龟城木图"。保存木图的只有这里和赤穗城（保存在花岳寺）。向幕府申请修缮城池时，如果是山城和平山城，用平面图表现有局限性。因此，除了文书，还会进行立体木雕，表现出城池的形态、建筑物形态和配置。虽然这是提交给幕府的备份木图，但对于城郭史和藩政史而言，这也可以说是非常珍贵的立体史料。

丸龟城木图
丸龟市立资料馆收藏

伊予松山城

伊予松山城是连立式天守结构,大小天守通过多闻橹和两座二层橹相连,和姬路城是同样构造。

从山脚或远处眺望天守曲轮(本坛),会觉得其威风八面,但是从近处,尤其是从天守曲轮内观察大天守,就会觉得三层大天守的延展性不够,似乎往里压迫一般。在加藤嘉明初建伊予松山城时期,也就是庆长八年(1603年),当时的天守有五层高,但在宽永年间(1624—1644年)被改为三层,接着又被烧毁了。嘉永三年(1850年)四月,松平胜善又重建现在我们所看到的天守。

当时,松平在嘉明修建五层天守的石垣基础上重建天守,所以各层的平面比较大,形态上横向扩展。天守重建时恰逢幕府末期,内外告急,施工时间并不宽裕,对屋檐也没有进行翘曲处理,从而对大天守的外观造成了很大影响。

北曲轮方向 ←

本丸

二之丸方向

东曲轮方向

规划图

石垣

【数据】 连立式·层塔型/三层三楼，地下一层

别称	金龟城、胜山城
筑城年代	庆长七年（1602年）
筑城者	加藤嘉明
主要改建者	松平胜善
构造/主要遗迹	平山城/天守、橹、门、挡墙、水井、石垣、土垒、壕沟、小天守（复）
所在地	松山市丸之内
交通	从JR松山站乘坐伊予线火车在大街道站下车，徒步约5分钟，乘坐缆车至山顶站下车，再徒步约10分钟

从本丸正门入口旁远眺石垣上的太鼓橹和天守

　　嘉明作为享有二十万石年俸的大名，从松前城迁移至此，在胜山（海拔132米）上修建了松山城。

　　因为在胜山的垒墙上种植了松树，所以雅称"松山城"。松树可以做建材，松明和松脂可以做止血药，硬树脂和松叶可以用在鹿寨上，将剥去表皮的树干砍下后泡在水里，可作为黏性食材。因此，该城和松树密不可分。

　　松山城的天守曲轮位于本丸最里面，本丸的正门开向南侧。二之丸位于正门东南的山腰中，三之丸位于壕沟以内，现在这里有许多体育场等各种设施。二之丸曾是"御殿"（办公区），三之丸曾是住宅区。

65

远眺二之丸的多闻橹和天守曲轮的小天守群

从紫竹门内看到的天守曲轮。近前的是小天守，后方的是大天守

从大天守三楼看天守曲轮北橹和城下方。中间看到的建筑是乾橹

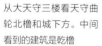

从天守曲轮内看到的大天守和内门（左）、钢筋门（右）

专栏
隐门　　　　伊予松山城的山上区域被称作本丸，
　　　　这个本丸由本丸中央段、本丸南曲轮、本坛、
本坛带曲轮构成。通向这个本丸的二之丸的虎口是
正门，来回折返两次，就到达本丸南曲轮的筒井门。
在筒井门的东边不远处有一个入城者完全看不到的
隐门。因为筒井门上方的渡橹向东凸出，隐门就被
挡住。之所以有这个配置，是因为当敌人杀到筒井门，
防御方可以从隐门出来，进攻敌人的后方和侧面。

隐门。左手前方是相
当于本丸南曲轮正门
的筒井门的渡橹石垣。
因为这个左侧的石垣，
人们看不到隐门

宇和岛城

现存的宇和岛城天守和彦根城天守一样，都是三层天守，也是屋顶装饰"破风"被使用最多的天守。

现在的天守是伊达政宗的孙子宗利在宽文年间（1661—1673 年）建造的，在此之前，这里曾存在着一座由藤堂高虎建造的望楼型三层天守，那个带有横钉木外墙板的天守建在岩层上。到了秀忠一代，藤堂时期的天守底座已经腐朽，便着手重建。因为当时是所谓"元和偃武"的"天下泰平"时期，天守的玄关入口处宽敞，还带有唐破风。

宇和岛城天守正面（纵墙侧）、玄关令人印象深刻

在该城遗址上，除了石垣，只残存着天守、上立门和一栋仓库。但在紧邻的南面，二代城主伊达宗利作为附城修建的天赦园（参见 169 页）却原样保存下来。庭园是文久三年（1863 年）七代城主宗纪修建的，里面栽种各类竹子，而竹子造型被用在伊达氏的家徽上。

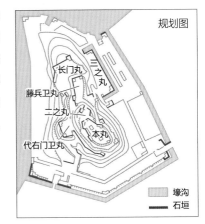

规划图

长门丸　三之丸

藤兵卫丸

二之丸

代右门卫丸　本丸

壕沟
石垣

【数据】 独立式·层塔型 / 三层三楼

别称	鹤岛城、板岛城、丸串城
筑城年代	天庆四年（941 年）
筑城者	橘远保
主要改建者	藤堂高虎、伊达宗利
构造 / 主要遗迹	平山城 / 天守、门、石垣
所在地	爱媛县宇和岛市丸之内
交通	从 JR 宇和岛站徒步约 20 分钟

专栏
桦崎台场

参观宇和岛城和天赦园的人很多，但前去参观桦崎台场的人很少，该台场位于宇和岛城西北，宇和岛港所在的住吉町。该台场修建于安政二年（1855 年）的三月至十二月，是一个带有泊船栈桥的炮台。胸墙（防止敌方炮弹和便于己方射击而堆砌的土包）上的五个炮座可以监视通过宇和海、丰后水道的外国船只并能进行炮击。石垣、炮座、火药库等保存至今。现在很少有幕府末期的台场遗迹，桦崎台场可以说是珍贵的存在。

上立门残留在通往城山的南登山口处

宇和岛城下、守卫港湾的桦崎台场的石垣和炮座

天守山墙侧各层装饰着歇山顶破风、置唐破风、千鸟破风

高知城

　　高知城是日本唯一一座天守、橹群、御殿、门、挡墙等被完好无损保存在本丸中的城郭。尤其是和独立天守相连、完好无损的本丸御殿、黑铁门、廊下桥都是珍贵遗迹。黑铁门和廊下桥值得大书特书，整座城郭的灰泥外墙白得晃眼，只有稳立在那里的黑铁门是唯一漆黑的建筑；该城把廊下桥建成长屋结构，目的是避人耳目，不让外面人看见桥上的往来者。

天守和本丸的土墙（近前处）。最
上层的望楼让人印象深刻

天守和本丸御殿。高知城的整个本丸区域都被保存下来

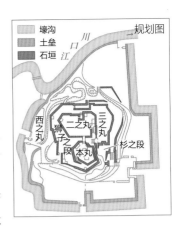

规划图

壕沟
土垒
石垣

川口江

二之丸
三之丸
西之丸
狮子之段
二之丸
本丸
杉之段

天守的构造是在二层大歇山屋顶上搭建望楼，大歇山屋顶太大了，竖立的墙面也相应地很宽，这可谓是特色，营造出高知城独有的美丽比例。在天守一层密密麻麻排列着被称作"防盗串"的铁串，让从外侧石垣下方仰视天守的人感到畏惧。

大手门（正门）处能看到板墙，这是在城郭当中难得看到的嵌板结构。

专栏 土居 元和元年（1615年）闰六月，德川家康灭亡大阪城丰臣家后，让全国大名只能在一分国（大名领地）保留一座城池，其他的支城和家族的城池都要摧毁。这就是有名的"元和一国一城令"。七月又发布了"武家诸法度"，规定大名要修缮城池必须获得幕府许可。但也认可领地广大的外样大名例外。岛津领地上被称作"麓"的外城，伊达领地上被称作"要害"的支城，毛利领地上被称作"宰判"的支城，山内领地上被称作"土居"的支城属于例外之列。在明治以前，山内领地中除了高知城，还例外地存在着安芸、本山、佐川、洼川、中村、宿毛等土居。

大手门渡橹。后面能看到天守

日本国内唯一保存完好的本丸御殿内部。能看见书房

山内领地上的本山土居的石垣，其位于土佐

【数据】	独立式·望楼型/四层六楼
别称	鹰城
筑城年代	庆长六年（1601年）
筑城者	山内一丰
主要改建者	山内丰敷
构造/主要遗迹	平山城/天守、御殿、橹、门、石垣、壕沟
所在地	高知县高知市丸之内
交通	从JR高知站徒步约25分钟

第 5 章

城池的构造

松本城

结构·绳张

适合筑城目的地域确定后，就要根据其地形和周围状况制作设计方案，考虑建造什么结构的城池。从战国时代到江户时代，设计者通过两种方式向城主或者幕府提交方案，一种是在装有砂土的箱子里制作缩小版的城池模型，称作"土图版"；另一种则是雕刻木材，制作整座城的版图，称作"木图"。大致区划（称作"曲轮"，近代以来称作"丸"）配置决定后，就要考虑如何防守出入口"虎口"（也叫"小口"）、垒墙、石垣、土垒墙面等，如何反击敌人。此时，就要拉着绳子，制作曲线图，这就是"绳张"。

从空中看到的大阪城。能看见本丸北侧和内护城河

轮郭式结构的大阪城鸟瞰复原图
画 荻原一青

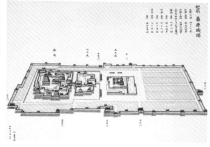

连郭式结构的岛原城。连郭周围围绕着轮郭结构的外城墙
画 荻原一青

照片（第74—94页没有标记的全部）·文字 西谷恭弘

74

梯郭式结构的德岛城复原鸟瞰图　画 荻原一青

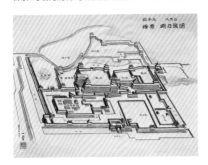

并郭式结构。明石城本丸和二之丸、东之丸。周围围绕着轮郭式的三之丸、北之丸　画 荻原一青

阶郭式结构的姬路城鸟瞰图　画 荻原一青

棱堡式的函馆五棱郭

"绳张"的种类

"绳张"是基本规划，包含筑城的基本配置和结构，主要有三种类型，即轮郭式、连郭式、梯郭式，此外还有复合型。

连郭式

本丸、二之丸、三之丸排成一条直线

轮郭式

二之丸、三之丸环绕着中央的本丸

并郭式

本丸和二之丸并排，其他曲轮环绕在它们周围

梯郭式

本丸的两个方向或三个方向被二之丸等围绕。这种结构最适合城池后方有陡崖、大河等险要之城

棱堡式

火器发展后的西方国家考虑出来的设计。不仅防御，对炮火交叉火力攻击也非常有效

阶郭式

利用山丘的高低差，以本丸为中心排列曲轮。从梯郭式衍变而来

专栏
选地

　　根据筑城目的，选择城池所在地的自然环境。如果打算在领地内建造用于战斗的城池，就使用"山城"，在没有山地的地方，就使用"丘城"（位于丘陵上部）或"平山城"（位于丘陵上部或山脚平地）。为了控制农耕地而筑城，就选择山谷、能控制水利的平地、面向河流的山丘。为了进攻敌人而在交界处筑城，就选择能便于后方支援的地方。如果作为领地的政治、经济中心筑城，就要将水运港口和驿站放在城下町，周围还要有天然险要所在。

天守是一座城的象征，是设置司令部的中心建筑，城主战时就坐镇最上层。古代，起初在主殿（宅院建筑的主屋）的大梁上搭建望楼，也被称作"殿主"或"殿守"。也有人说天守产生的时期和基督教传到日本的时期相关。正如在第2章至第4章介绍过的，现存天守中，有十二座大天守、小天守及天守建筑残存的城池中，有熊本城的宇土橹、大洲城的高栏橹。

（上图）萩城天守。这是在第二层大歇山屋顶上搭建第三层望楼的"望楼型天守"，是带有付橹的"复合式天守"。明治七年（1874年），解体前照片

松前城天守（外观复原）。这是越往上每层就会递减相同面积的"层塔型天守"，是独立式天守

复合式天守的冈山城。从左侧的付橹（盐橹）进出天守（外观复原）

独立式天守的新发田城天守（复原）

从和歌山城大天守看连立式天守的小天守群和连接这些建筑的多闻橹

连接式天守的熊本城宇土橹。大天守（宇土橹）通过多闻橹和小天守（右·古殿样橹）相连

和歌山城天守。曲轮中的大天守和小天守（外观复原）

复合连接式的大洲城天守。右边有高栏橹，和左边两座被称作"厨房橹"的小天守相连接

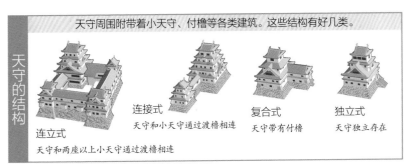

天守周围附带着小天守、付橹等各类建筑。这些结构有好几类。

天守的结构

连立式
天守和两座以上小天守通过渡橹相连

连接式
天守和小天守通过渡橹相连

复合式
天守带有付橹

独立式
天守独立存在

轩唐破风
（将屋檐一部分抬起呈弓形的破风）

干鸟破风
（人字形破风的一种，屋檐前端
和屋顶四角不相连）

比翼破风
（并排相邻的两个破风）

破风

　　所谓破风，就是位于屋顶的屋檐前端、中段的装饰，但为了不让雨水渗入建筑物内，具体采用何种形态，要根据各个屋顶的位置和倾斜度而定。

　　在城郭建筑中，在最上层或者住宅等处会采用歇山顶；在玄关或出入口处会采用唐破风或者人字形破风。唐破风是日本独有的曲线屋顶造型，分为两种，一种是搭建在屋顶上方的类型（向唐破风），一种是弯曲屋檐前端的类型（轩唐破风）。

宇和岛城天守的破风

犬山城天守的破风

照片　朝日新闻社

歇山顶破风
（屋檐前端和屋顶四角相连）

向唐破风
（搭建在屋顶上方的弓形破风）

人字形破风
（山墙呈三角形的人字形屋顶
的破风）

橹在古代被称作"兵器库"，中世纪时在瞭望台上部常备弓箭，随时防备敌人的进攻，所以就记作"箭仓"或"箭窖"，直到织田信长在城池垒墙四角设置形似船橹的"兵器库"后，才被记作"橹"。橹不仅仅为战时所需，也有为远眺而建的高栏杆的橹，如召开赏月宴席、品味风花雪月感受的"月见橹""汐见橹""纳凉橹""花见橹"等。

威风凛凛的名古屋城清洲橹。据说是将清洲城的天守或者小天守迁移至此的

建造在 L 形平面上的大阪城的乾橹。人们把这种弯弯曲曲的橹称作"折曲橹"

名古屋城本丸的巽橹。现存的两层三楼的橹。第一层的山墙侧有人字形破风，纵墙侧有千鸟破风。下方就是石落

井楼箭仓。垂直竖立四根支柱，再横向搭建成井字形（茨城县逆井城）

大阪城千贯橹（左）。该橹防备、攻击从大手门（右）攻入的敌人

冈山城月见橹。从本丸内侧看，该橹是三层，三楼为穿堂结构

书院 · 茶室

近代城池中建有殿舍建筑群，被称作"本丸御殿""二之丸御殿"等。从平安时代到战国末期，城中有称作"主殿"的建筑。主殿由九间（三间×三间）主室（缩小版的寝殿）、配套的等候室、中门廊（仆人在此做工或由此进入主室）构成。战国时代，九间主室中设有博古架、壁龛、书桌等，各房间根据使用目的被连成雁行状，出现了附带玄关、停车场等设施的"书院建筑"。据说起源于丰臣秀吉建造大阪城的时期［天正十一年至十二年（1583—1584年）］。和"书院建筑"不同，还建有品茶享风雅、从高处远眺的"御亭"，以及被称作"数寄屋"的茶室建筑等。江户初期，出现了附带着茶室建筑、书院建筑的"城郭殿舍"。书院保存完好的有高知城本丸御殿和二条城二条丸御殿、挂川城二之丸御殿，但附属的茶室建筑现在都已荡然无存。

茨城县的逆井城复原了中世纪，尤其是战国时期的主殿建筑

残留在乐乐园的槻御殿的停车处（彦根城）

水户城三之丸弘道馆的书院建筑

川越城本丸的御殿。正殿大厅

二条城二之丸御殿。这是保存完好的雁行状城郭建筑，典型的书院造型

横滨三溪园的听秋阁。这是二条城行幸御殿附带的茶室，属于"御亭"建筑

冲绳首里城的正殿。整个结构融合了中国城郭建筑、日本殿堂建筑、书院建筑的风格

哨所

哨所（番所）位于城门或斗形虎口内侧，是用于开关城门和严密检查入城者的建筑。中世纪尤其是战国时代，城门处常设被称作"户张番"的城门守卫，他们二十四小时轮班值守，而哨所就是其休息场所，兼有武器库功能。近代许多大名、旗本（直属幕府将军的家臣。——译者注）、地方官的居城或公馆都建造"长屋门"，大门从中央开关，左右两边或一边的屋子就作为哨所。作为独立建筑存在的哨所，江户城残存三栋，除此之外，二条城、佐贺城、丸龟城、饭田城、高山阵屋（一种行政官署。——译者注）各残存一栋。作为长屋门的附属建筑存在的哨所，肥前鹿岛阵屋、岩槻城、柏原阵屋各残存一处。将橹门一层作为哨所使用的遗迹中，有残存在弘前城的四栋橹门和饭山城的二阶门等。

长屋门的哨所。长屋门左右或者一侧带有格子窗的小屋子具有哨所的功能（肥前鹿岛阵屋）

江户城中之门内的大哨所，负责检查入城的大名及其少量随从

哨所。佐贺城本丸鲼之门内

二条城东大手门内的大哨所

藏

藏是仓库的别称。提及城中代表性的仓库，就是存放弓箭的警戒台，也就是橹。所有城池都有储存贡米、军粮的"米仓曲轮""城米曲轮"等。建造在海边或海岛上的城池还设有船舶集结地。近代城池中肯定有半地下或石造的硝石仓库、火药仓库等，但现在只有大阪城中有此类遗迹。弹药库遗迹残存在品川冲台场（第三炮台场、第六炮台场）、宇和岛桦崎台场。除此之外，根据收纳品种类，城池中还有武器仓库、弓箭仓库、劈柴仓库、盐仓、书库等。残存在大阪城的本丸金库比较罕见。在江户城本丸，临近天守台北面和富士见多闻橹的地方，有石垣外凸的小金库群，里面排列着三座金库。

金库。这是残存在大阪城本丸的金库，松本城二之丸中也残存着相关建筑

船库。只有萩城残存一座船库建筑

硝石仓库。用于保管弹药的石造仓库（大阪城西之丸）

米仓。所有城池中都有保存大米的仓库（二条城的二之丸）

城门指的是建在出入口"虎口"处的大门。门上有带房顶警戒台的就是"橹门"。在石垣上挖空一块，上面横跨多闻橹的门就是"渡橹门"。"埋门"内侧则是凹地，战时能够封堵，让敌方无法推动。上方横亘一根比两边支柱长的横木的门就是"冠木门"。"高丽门"结构牢固，两根支柱内侧有带屋顶的撑柱和横木。四根支柱上带有屋顶的门就是"药医门"。门上贴铁板的是铁门，贴铜板的就是铜门。门种类繁多，各式各样。

渡橹门。长屋状的多闻橹横跨在左右的石垣台上，下方有城门（江户城平川门）

（左图）高丽门。撑柱的上面有屋顶（名古屋城西铁门）

（右图）橹门。橹门左右是屋子，二层是瞭望橹（弘前城南内门）

（左下图）墙重门。位于二条城二之丸御殿东侧，是用于区分厨房、土窑仓库和东大手门内的隔断门。作为皇室之门，墙重门有规格要求

（右下图）药医门。从中世纪到近代初期，许多医者家的大门是这种结构，所以被称作"药医门"。横木上方带有屋顶的城门（旧关宿城的城门，被迁移到逆井城进行展示）

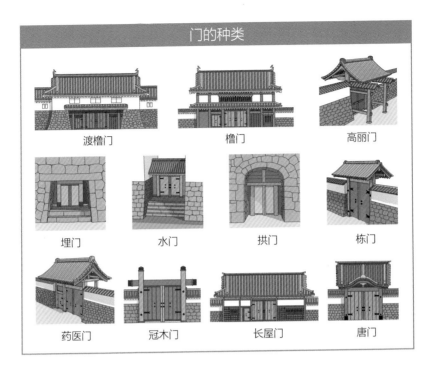

门的种类

渡橹门　　　　　　橹门　　　　　　高丽门

埋门　　　水门　　　拱门　　　栋门

药医门　　冠木门　　长屋门　　唐门

从中世纪到近代初期，城门被叫作"透户"，上部做成格子状，可以用长矛、火枪、弓箭迎击外敌（熊本城不明门）

唐门。在日本，身份高贵的武士和朝臣宅邸的出入口会设置奢华的唐门，门上装饰着唐破风（二条城的二之丸）

长屋门。这是二条城二之丸的桃山门，门左右是哨所

虎口

城郭的出入口叫作"虎口"，也写作"小口"，基本原则就是"开个小口子"。为了抵御敌人侵犯，人们在虎口上下了不少功夫。在中世纪，人们建造了"一字形土居虎口"，即在虎口内侧搭建土垒，既可以起到隐蔽的作用，也可以防止敌人长驱直入；还建造了交错土垒的"交错虎口"。

到了战国时代后半期，各种各样的虎口面世。有将虎口建成方形，在两个方向设置出入口的"斗形虎口"；有在虎口外侧分别划设方形、月牙形、半圆形的小区域，建造方形马出（马出是带有防御墙的区域。——译者注）、圆形马出等；有在土桥上建造斗形通道。

名古屋城本丸后门虎口的方形马出

斗形虎口（大阪城的大手门）

一字形土居虎口。城内侧（照片右侧）建有土垒，可以发挥遮挡外人视线和防止敌人长驱直入的作用（北海道·户切地阵屋）

虎口和马出

"虎口"是城池的出入口，"马出"是建在虎口前方的区域，战斗时能提高防御力。

大阴
普通出入口

一字形土居虎口
为遮挡外人视线和防止敌人长驱直入而在虎口前后搭建土垒

交错虎口
弯曲土垒的左右两边或一边，建成S形通道的虎口

斗形虎口
被方形土垒围绕，在不是面对面的两个方向上设置出入口

普通的圆形马出
建成圆形的普通马出

普通的方形马出
建成方形的普通马出

十字形马出
从多个方向将敌人集中到一处的特殊型马出

真正的马出
建在内凹土垒内侧的马出

设置在城郭壁垒上的防御墙有栅栏、挡墙（日语作"塀"）和多闻橹。栅栏由木头搭建而成；多闻橹也叫"走橹"，将长屋建在壁垒上，即便雨天，人们也可以在里面来回跑动。挡墙分土墙和板墙。除此之外，还有一种介于两者之间的挡墙，即在土墙表面，从下往上一点点地插入平板，防止雨水浸入。所谓土墙，就是混杂几毫米至几厘米不等的砂土和黏土，进行加固的挡墙，称作"版筑"。所谓支撑墙，就是在挡墙内侧设置支撑柱和其他支撑材料，战时可以在支柱上铺搭竹架或板架，可以从上方攻击敌人。

长挡墙内侧。在支撑柱上方的支撑材料上铺搭竹架或板架，就可以从挡墙上方迎击敌人（熊本城）

支撑墙。二条城二之丸东侧的土墙内侧

（左下小图）德川家康时代的江户城统一都是白墙。这是平河门照片，在挡墙和石垣之间有"狭间"

（右下小图）瓦顶土墙。据说可以根据墙上横线（测量线）的数量来表现身份（二条城二之丸）

墙壁

　　墙面大致分为板墙面和土墙面。战国时代后半期，由两人推拉、纵向切割的大锯开始普及，在此之前没有板墙。要制造平板，首先要用大锯将斧头劈砍下的木头切成统一厚度，然后用枪刨或锛斧加工表面。17世纪初叶才出现刨刀。因为平板曾是高价材料，当时的人们都建造土墙壁。

　　制作土墙壁，要先用粗草绳将叫作"小舞竹"的箭竹和稍粗一点的矮竹编扎成格子状框架，制成坯墙，然后再将黏土砂涂抹上去。

　　灰泥墙是在坯墙上多次反复涂抹白灰泥。不涂抹柱子的墙壁叫作"露柱墙"，涂抹柱子的墙壁叫作"隐柱墙"。

江户城本丸的富士见橹被白灰泥统一涂抹成隐柱墙

姬路城厨房橹的土墙

（最右图）姬路城乾小天守的外墙为隐柱墙，支柱都被涂抹

松本城大天守的板壁被涂上黑漆

姬路城东小天守三楼内部的露柱墙。支柱没被涂抹，还是白木状态

金泽城二之丸的波纹墙。墙壁下半部分贴着方形平瓦

窗·户

城郭建筑的窗户是从寝殿式建筑的窗、户衍变而来，日本古代特有的窗户叫"密格吊窗"，上半部可向上吊起，下半部可向上提起拿出。吊窗内侧镶嵌格栅，格栅不是四方形，而是六角形或八角形，射击时可以左右大角度移动火枪或弓箭。普通拉窗出现在 16 世纪末期，源自镶嵌在书院廊台一侧、被称作"舞良户"的板窗。从 16 世纪末开始出现各种样式的窗户，其中也深受茶室和亭院建筑的影响。

圆窗。熊本城细川刑部宅邸的观川亭书斋

带挑檐的外凸格子窗（高崎城长屋门）

上方是花头窗，下方是格子窗（松本城辰巳付橹）

舞良户。钉着横棱的拉窗（二条城二之丸的御殿）

密格吊窗。源自古代日本的窗户（丸冈城通向天守回廊的出入口）

姬路城的火枪狭间、弓箭狭间

摄影　熊谷武二

狭间 · 石落

　　狭间是在橹、挡墙、门的墙面上开的小窗。狭间用于攻击敌人，圆形、三角形、正方形的用于布置火绳枪，纵向细长的用于布置弓箭。一般而言，狭间内侧开口大，附带有朝外打开、用来遮蔽风雨的窗户。挡墙、橹、天守的下部凸出到壁垒（石垣）之外的设施叫作石落，防守方可利用石落攻击攀爬石垣的敌人。有些特别的石落不是建在一层，而是建在二层；有些橹、天守的一层会凸出到石垣外面；还有一些位于渡橹地板的下方（橹门的上方）。

橹的一层土台凸出到石垣之外，多闻橹的一角被设计成"石落"（高知城本丸）

从内部看到的狭间（松本城乾小天守）

开在橹门上方（楼上地板）的狭间（称作木屐狭间）。逆井城本丸二阶门

桥

城郭的桥有土桥、木桥和吊桥。所谓吊桥，就是在支柱间架上缆绳，把桥板吊起来的桥。所谓土桥，就是选择渡过壕沟的地点，然后根据人马通行的宽度而填埋的桥，如果是护城河，还要建造"高低堰"，让土桥左右形成水位差。木桥一般架设在两端突出的土桥之间。之所以把土桥设置在两端，是为了缩小壕沟的宽度，战时只要撤走木桥，就能迫使敌人集中在狭小处。城郭的架桥种类很多，有斜对角架设从而拉长距离，易于侧面攻击的"斜对角桥"；有到了规定时间或者敌人来袭时吊起或撤走的"桔桥""车桥""算盘桥"；有遮挡桥上状况的"廊下桥"等。

斜对角桥。相对于瞭望橹，斜着架设的木桥（逆井城西二曲轮）

廊下桥（现存）。架设在高松城本丸和二之丸之间的壕沟上

建造土桥（右侧），迫使敌人集中在城门前的狭窄地带（江户城北桔桥附近）

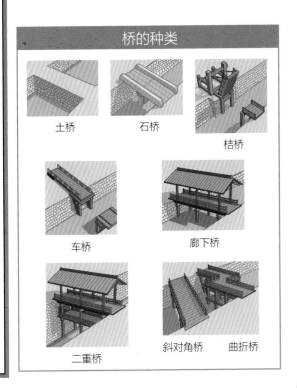

桥的种类

土桥　　石桥

桔桥

车桥　　廊下桥

二重桥

斜对角桥　曲折桥

石垣

石垣是壁垒的一种，在石碓内侧有用于排水的"栗石层"（直径15厘米左右的石头。——译者注）。没有栗石的壁垒就被称作"石垒"。在古坟时代，石垣作为日本特有技法得以确立，但到了中世纪，这一技法失传，到了16世纪，城池石垣的建造技法又重新诞生。根据垒石的加工情况，可以分成三种，即"野面积"（没有对自然界石头进行加工）、"打入接"和"切入接"。所谓"接"，就是对石材进行加工，便于堆砌，词源来自"打磨"和"连接"这两个词。

根据各个石材的加工情况，垒筑石垣的方式有"龟甲积""布积""谷积""乱积"等。在拐角的垒筑方式中有"算木积"，即把加工成长方形的石块交错垒积。另外，所谓"刐出石积"，即把最上层或第二层的石块凸出到石垣其他层外侧。还有"颚石垣"，就是把和下方地面连接的地方做成双层。

野面积（和歌山城天守曲轮）。垒筑绿泥石片岩。右下拐角的石头取自石塔

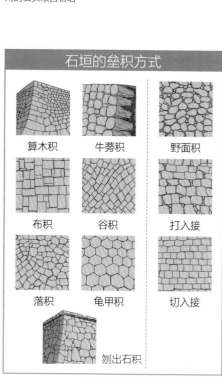

石垣的垒积方式

算木积	牛蒡积	野面积
布积	谷积	打入接
落积	龟甲积	切入接
	刐出石积	

通过"天下普请"方式建造的石垣上，刻有辅助建城的大名的印章和显示垒石处的记号（大阪城）

二之丸石垣上看到的各种刻印和记号（名古屋城）

斗形虎口的石垒内侧，在被称作"雁木"的石梯最上方，和挡墙连接处开有"石狭间"（大阪城）

刻在本丸带曲轮上的建城大名的各种印章和记号（大阪城）

坐落在大阪城京桥口斗形虎口处的肥后石重达 120 吨，宽度可以铺 32.8 张榻榻米

堀・濠

根据堀中是否有水，可大致分作"空堀"和"水堀"。在"水堀"中，利用天然河川湖沼的"堀"也记作"濠"。另外，"空堀"在古代也记作"壕"。

许多堀都被开挖出特殊构造。"竖堀"让缓斜面的自然壁垒难以攀越。有将几条相连"竖堀"打通的"垄状竖堀"，有在堀底部留下开挖时形成的田垄的"垄堀"，有将田垄组合成窗框造型的"堀窗"，还有"泥田堀"，就是把堀底弄成泥田状，让人难以拔腿。当时，还盛行设置"空堀道"和"堀切道"，从而加强从左右壁垒上监视和攻击的能力。尤其是中世纪山城多采用"空堀道"。

堀的种类

箱堀
底部平坦的堀

毛拔堀
断面呈 U 字形的堀

药研堀
底部是 V 字形的堀

片药研堀
一侧近乎垂直的药研堀

水堀兼有水道的功能，修建时要考虑防御和水运两方面（高知城）

空堀。名古屋城采用了卓越的筑城技法，其中一点就是根据方向区分壕沟和空堀

（左图）堀窗。将垄堀的垄设置成窗框状（武藏伊奈阵屋）
（右图）垄堀。间隔约五米，在空堀底部开挖方形孔洞，挖出来的土就作为垄（山中城）

堀的概要

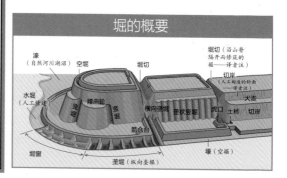

濠（自然河川湖沼）　空堀　堀切　堀切（沿山脊隔开而修筑的堀——译者注）　切岸（人工构造的斜面——译者注）
水堀（人工修建）　縄曲轮　竖堀　横向竖堀　垄状竖堀　虎口　土桥　切岸　犬走
箭仓台　堀窗　壕（空堀）　垄堀（纵向垄堀）

第 6 章

城池的历史

犬山城

吉野里遗迹（位于佐贺县）

弥生至古坟时代

环壕部落

随着水稻耕种的普及，人们开始定居，为防止收成被抢夺，修建了环绕部落周围的壕沟或土垒，产生了环壕部落。随着这种环壕部落的扩大，之后就诞生了地域小国，这些国家之间就会发生纷争（倭国大乱）。据说大乱后，女王卑弥呼的宫殿中就设置了楼馆和城栅。

吉野里遗迹

位于现在的佐贺县，被大规模的Ｖ字形壕沟（药研堀式的空堀）所环绕，里面有建在六根立柱上的瞭望橹，外部建有土垒。

飞鸟时代

白江口之战中，大和政权在太宰府周围设置了防人（派驻九州北部沿岸、壹岐、对马等地的士兵）和烽火台，构筑了水城和山城。而且，还在日本西部各地修建了六座山城，分别是高安城、屋岛城、长门城、大野城、基肄城、鞠智城。

都城的建设

为了建设律令国家，日本仿造中国唐朝的长安和洛阳等都城，建造了藤原京、平城京、平安京等城市。中国和欧洲的城池都通过坚固城墙防御四周，而日本的都城却是例外，只在平城京正面南侧有部分城墙，其余地方都没有构筑城墙。后来，丰臣秀吉在都城街道四周修建了被称作"土居"的围墙，这被认为是日本真正意义上的最早的都市城墙。

基肄城的石垣和水门（位于佐贺县）

弥生·古坟时代	弥生时代	出现带有防御设施的环壕部落。出现了日本国内最大规模的环壕部落（吉野里遗迹）	647年	设置渟足栅（新潟县）
			658年	阿倍比罗夫率领水军讨伐虾夷人
	2世纪	倭国大乱。建造了带有环壕和栅列的部落	663年	日本、百济联军在朝鲜半岛的白江口和中国唐朝、新罗联军作战，败北
	3世纪中叶	邪马台国的卑弥呼建造王城	664年	在对马、壹岐、筑紫设置烽火台，在九州太宰府附近修建水城
			665年	在日本西部地区修建大野城、基肄城、长门城。667年修建高安城、屋岛城、金田城
	399年	日本、百济联军进攻新罗	710年	迁都平城京
			724年	修建多贺栅（之后的多贺城）

（飞鸟·奈良时代）

照片　朝日新闻社（第96—100页没有标记的全部）

奈良至平安时代

　　飞鸟时代，在新潟一带建造的渟足栅、磐舟栅就是最早的"城栅"。建造的目的是为了统治、镇压北方部族（虾夷、肃慎等）。之后又修建了多贺城、征夷大将军坂上田村麻吕设置镇守府的胆泽城、志波城。都是在平缓山丘等处构筑方形外郭，在其中心建造内郭，构建建筑。将木栅在土墙上部配成列状，设置瞭望橹等。另外，东北地区的橹也被叫作"馆"，栅也是城池。

在苏我入鹿宅邸发现的石垣（位于奈良县）

镰仓时代

　　弘安之战，镰仓幕府在博多湾沿岸，从福冈市香椎到今津滨约 20 公里，长崎县松浦市到平户市的 40 至 50 公里海岸线上构筑了高约 2 米的"石筑地"。在中世纪，一般的城郭都以土垒为主，直到战国时代后，石垣才再度登场。

多贺城的复原模型（位于宫城县）

南北朝时代　　中世纪山城登场

　　在所有时代，中世纪的山城数量压倒性的多。许多山城都由国人（对当地领主、乡村武士等人的称呼。——译者注）、当地豪族等领主建造，作为不测之时的防御设施，建在山上或山脊处。构造上主要利用天然要害，建筑物也都是支柱架设的小房屋，还没有城下町。

石垒（位于长崎县松浦市）

	794 年	迁都平安京	1274 年	文永之战
			1276 年	幕府在北九州沿岸修建石垒
	802 年	坂上田村麻吕建造胆泽城，第二年建造志波城，第三年建造德丹城	1281 年	弘安之战
平安时代			1300 年	建造琉球·今归仁城
			1331 年	后醍醐天皇移驾笠置山城，但还是被幕府军攻陷幕府军攻陷楠木正成固守的赤坂城（元弘之变）
	1180 年	三井寺修建城郭，反抗平氏。源赖朝举兵	1333 年	新田义贞灭亡北条氏（镰仓幕府灭亡）
			1336 年	后醍醐天皇移驾吉野（分立南朝和北朝）
			1346 年	初建姬路城
	1183 年	平氏在一之谷建造城郭（三年后灭亡）	1350 年	建造琉球·首里城
			1392 年	南北朝统一

室町时代　　大规模的山城登场

从室町时代后期开始，实力增长的战国大名们开始建造大规模的山城。这些城池充分利用天然要害，利于防守。这些山城都是为了有事时固守而建的，城主等人平时都在山脚的居馆生活。可以想象，城主不会在山城中收留、保护平民百姓的。

城下町的建设

可以说大内氏的山口、北条氏的小田原是战国大名建造城下町的起源。城主让家臣在城下集中居住，招揽工商业者，推行富国强兵政策。除了战国大名的城下町外，还有市民自我管理的城市，如市民自治的京都，富裕商人集中的堺，以寺院为中心、带有壕沟、土挡墙等防御设施的寺内町（越前地区的吉崎御坊等）。

中城城（位于冲绳县）

战国时代　　天守的出现

如果说松永久秀建造的多闻城是首座带有天守的城郭，那么可以说织田信长建造的安土城是首座带有天守的真正的近代城郭。信长也是建造近代城郭的先行者。

城下町的兴盛

织田信长移居岐阜城时，不仅让家臣，还让工商业者迁移过去，实施"乐市乐座"（禁止垄断销售、免除课税的政策。——译者注），加以优待。而且，在建造安土城后，还建造了充满活力的城下町。

安土城天守复原图
大竹正芳画　西谷恭弘复原

	室町时代			战国时代	
	1420 年	建造琉球·中城城		1548 年	长尾景虎（上杉谦信）进入春日山城
	1457 年	太田道灌建造江户城		1555 年	织田信长迁入清洲城
				1560 年	松永久秀建造多闻城（天守首次出现）
	1467 年	应仁之乱爆发		1569 年	信长为足利义昭建造二条城
				1573 年	室町幕府灭亡。建造备中高松城
	1496 年	本愿寺的莲如在大阪建造石山御坊（1530 年将其城郭化）		1576 年	信长建造带有真正天守的安土城
				1580 年	羽柴秀吉（后来的丰臣秀吉）修建姬路城（三层天守）
	1528 年	据说织田信康建造犬山城		1582 年	秀吉水攻备中高松城。本能寺之变
				1583 年	秀吉开始建造大阪城，前田利家开始建造金泽城

西生浦倭城遗迹（位于韩国蔚山市）

桃山时代　　近代城郭的普及和天下普请

统一天下后的丰臣秀吉采用将工程分摊给各地大名的"天下普请"方式，建造大阪城等。另外，德川家康在关原之战后，提高了东军大名的年俸，实施全国性换防。以日本西部地区为中心，掀起了筑城热。结果，石垣建造等土木技术得到提高，出现了层塔型天守。江户幕府的"天下普请"也开展得如火如荼。

城下町的扩大

丰臣秀吉在统一日本前后，便开始在京都、大阪、伏见等地建造城下町。到了德川政权时期，出现了江户、大阪等超大型的城下町。各地大名也纷纷仿效，城下町扩展至仙台、金泽、名古屋、福冈等全国各地。

天下普请之城

在动员全国大名进行建造的天下普请之城中，和秀吉相关的有大阪城、聚乐第、伏见城、名护屋城等，和江户幕府相关的有伏见城（重建）、彦根城、骏府城、筱山城、名古屋城、高田城等。

筑城图屏风
名古屋市博物馆收藏

外样大名建造的城郭

熊本城（加藤清正）、佐贺城（锅岛直茂、胜茂）、福冈城（黑田如水、长政）、小仓城（细川忠兴）、伊予松山城（加藤嘉明）、宇和岛城、今治城、伊贺上野城（都是藤堂高虎建造）、高知城（山内一丰）、萩城（毛利辉元）、松江城（堀尾吉晴）、姬路城（池田辉政）、仙台城（伊达政宗）、弘前城（津轻信枚）。（括号内都是筑城的城主）

萩城天守（老照片）

	战国时代		战国时代
1585 年	德川家康修建骏府城，入城	1596 年	藤堂高虎修建宇和岛城
1587 年	秀吉建造聚乐第，作为关白居所	1597 年	再度出兵侵略朝鲜（庆长之战）。生驹亲正着手建造丸龟城。宇喜多秀家完成冈山城天守的建造工程
1589 年	毛利辉元着手建造广岛城		
1590 年	秀吉攻占小田原城	1598 年	秀吉从伏见城迁入大阪城
		1600 年	关原之战。伊达政宗着手建造仙台城
1592 年	秀吉侵略朝鲜（文禄之战）。建造名护屋城	1601 年	池田辉政着手改建姬路城。加藤清正开工建造熊本城，黑田如水、黑田长政父子开工建造福冈城，山内一丰开工建造高知城
1594 年	秀吉开始在木幡山建造伏见城	1602 年	加藤嘉明建造伊予松山城

江户时代　　一国一城令

　　江户幕府攻陷大阪城后就立即颁布"一国一城令"和"武家诸法度"，限制新建、改建、维修城郭。所谓"一国一城令"，就是只认可一个藩国中存在一座城郭，其他要废弃。由此，许多中世纪城郭遭到破坏。"武家诸法度"规定维修城郭时要提交申请，禁止建造新城。

强化海防

　　被欧美各国逼迫开放的幕府在江户湾等地设置了炮台（台场）。北海道的五棱郭是配置成星状的新型棱堡式城郭，因为担心会遭到外国舰船的炮击，没有设置高橹。

明治至昭和时代　　毁坏和战祸

　　因为明治政府颁布的"废城令"和很难筹措巨额资金维护城郭，再加上日本陆军要接收相关资材，日本全国各地的城郭都相继遭到毁坏。第二次世界大战时，因为美军空袭，各地的城郭也被烧毁。

因空袭而熊熊燃烧的名古屋城天守

昭和至平成时代　　城郭复兴热

　　战后，作为经济复兴的象征，20 世纪 50 年代中期到 60 年代中期，以重建因战祸而受损的天守为主，出现了重建城郭的热潮。接着，在"故土创新事业"兴起的 1988 年后，又出现了"平成城郭复兴热"。此时的重建工作被要求在文化厅的指导方针下忠实复原原貌。

（宫本治雄）

江户时代	1603 年	开始"天下普请"，建造江户城	江户时代	1665 年	大阪城天守因为雷击被烧毁
	1606 年	完成彦根城天守的建造		1854 年	在品川建造台场
	1610 年	德川家康着手建造名古屋城天守		1864 年	完成函馆的五棱郭建造工作
	1615 年	在大阪战役中，大阪城沦陷（丰臣氏灭亡）。德川幕府颁布"一国一城令"	明治时代	1868 年	在东京建都，江户城改名东京城
				1871 年	兵部省负责管理城郭
	1620 年	开始重建大阪城		1873 年	颁布"废城令"
	1635 年	宽永年间，颁布"武家诸法度"令，禁止建造新城	昭和至平成	1945 年	名古屋城、冈山城、和歌山城、广岛城因为包括原子弹在内的空袭而被烧毁
	1657 年	因为明历年间的大火，江户城天守被烧毁		1954 年	建造富山城仿造天守
				1991 年	平成城郭复兴热兴起

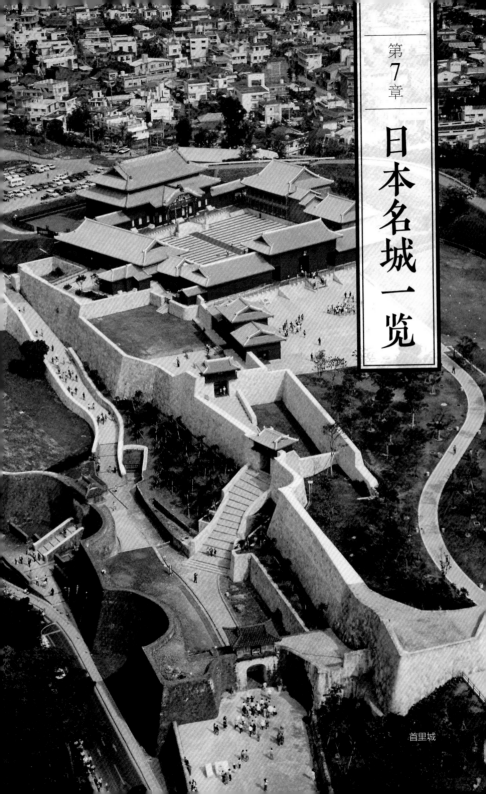

首里城

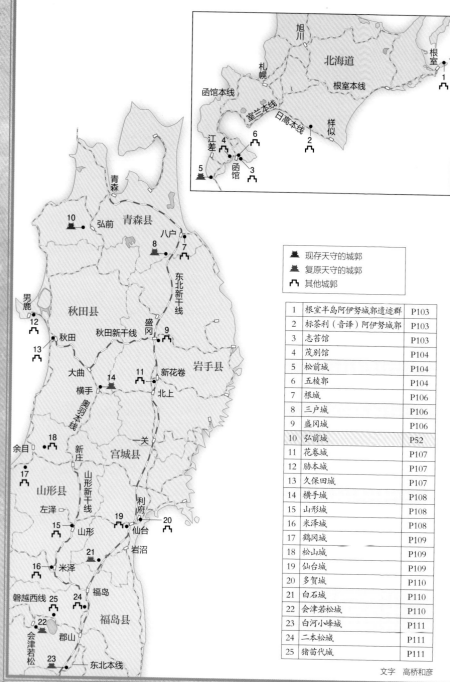

地图图例：

- 现存天守的城郭
- 复原天守的城郭
- 其他城郭

文字 高桥和彦

根室半岛阿伊努城
郭遗址群中的温根
元遗迹

1 根室半岛阿伊努城郭遗迹群

北海道内首屈一指的城郭遗迹

【数据】

筑城年代	16 至 18 世纪
构造 / 主要遗迹	面崖式、山丘前端式 / 空壕
所在地	北海道根室市内
交通	从 JR 根室站坐公交到"纳沙布岬"站下车，徒步约 20 分钟

【解说】这是阿伊努城郭。根室市内的 24 处地方是国家指定的历史遗迹，总称"根室半岛阿伊努城郭遗迹群"。据说在松前藩镇压阿伊努人起义的宽政元年（1789 年），这里是国后目梨之战的战场。许多城郭位于鄂霍次克海的海岸阶地上，临近纳沙布岬的"温根元遗迹"（根室市温根元）保存状态良好。

2 标茶利（音译）阿伊努城郭

俯瞰河川的坡上城寨

【数据】

别称	不动坡城郭
筑城年代	17 世纪中期
筑城者	科默塔尹（音译）
构造 / 主要遗迹	山丘前端式 / 空壕
所在地	北海道新日高町静内真歌
交通	从 JR 静内站坐出租车约 10 分钟

【解说】这是一座面积约 16500 平方米的"山城"。宽文九年（1669 年）阿伊努人发动了大规模起义，"沙牟奢允之战"的最后一战就发生在这里。现在，这里成为真歌公园，里面有记载城郭遗迹的石碑和沙牟奢允的雕像等。新日高町静内川流域的 5 个地方和日高町厚别川上游的 1 处地方成为国家指定历史遗迹，总称"标茶利河流域阿伊努城郭遗迹群及厚别阿伊努城郭遗迹"。

3 志苔馆

建在渡岛半岛上的城郭遗迹

【数据】

筑城年代	14 世纪末至 15 世纪初
构造 / 主要遗迹	山丘城郭 / 土垒、空壕、挡墙、栅墙遗迹、水井遗迹
所在地	北海道函馆市志海苔町、赤坂町
交通	从 JR 函馆站坐公交到"志海苔"站下车，徒步约 5 分钟

【解说】渡过海峡前往北海道的领主在 14 至 15 世纪建造了"道南十二馆"，这是其中最东端的长方形城郭，位于海岸阶地上。永正九年（1512 年），阿伊努人起义，攻陷该城后，这里就成为废墟。周围残留着最高约 4.5 米的土墙和深达 3.5 米的空壕。这里是国家指定历史遗迹，昭和四十三年（1968 年）出土了约 39 万枚古币（重要文化财产）。

照片 朝日新闻社（第 102—177 页没有标记的全部）

4 茂别馆
津轻城主建造的城郭

【数据】

筑城年代	嘉吉三年（1443 年）
筑城者	安东太郎盛季
构造 / 主要遗迹	山丘城郭 / 土垒、空壕、曲轮
所在地	北海道北斗市矢不来
交通	从 JR 茂边地站徒步约 20 分钟

【解说】 被南部氏打败的津轻十三凑城主安东太郎盛季在茂别地河的丘陵地带建造了这座规模宏大的城郭，其包括用于居住的大馆和附属小城。城郭内部还有隔断状的土垒，被认为是"道南十二馆"中最牢固的。长禄元年（1457 年），阿伊努人起义，攻陷了"道南十二馆"中的十座馆，但即便在"胡奢麻尹之战"后，这座城郭依然保存下来。它是国家指定历史遗迹，面积达 31286 平方米，箭不来天满宫位于其中一角。

---

5 松前城
面朝海峡的"最后"的城郭

【数据】 独立式·层塔型 / 三层三楼（1961 年外观复原）

别称	福山城
筑城年代	庆长五年至十一年（1600—1606 年）
筑城者	松前庆广
主要改建者	松前崇广
构造 / 主要遗迹	平山城 / 天守（复）、本丸御门、本丸正殿玄关、后门的二之门、天神坂门（复）、石垣、壕沟、土垒等
所在地	北海道松前町松城
交通	从 JR 木古内站坐公交到"松城"下车，徒步约 10 分钟

【解说】 其前身是第一代松前藩主松前庆广建造的"福山馆"。第十二代藩主崇广接到幕府命令，研究抵御外国舰船的对策，便对该城进行了大规模改建和维修，安政元年（1854 年）新城完工，面积为 23578 坪（约 77942 平方米。——译者注）。高崎藩的军事家市川一学设计时考虑到了炮战因素，在津轻海峡一侧的三之丸设置了七座炮台。这是江户最末期建造的一座和式城郭，在戊辰战争中被旧幕府军攻陷。

---

6 五棱郭
戊辰战争最后的舞台

【数据】

别称	龟田御役所土垒、箱馆奉行所、柳野城
筑城年代	安政四年至元治元年（1857—1864 年）
筑城者	江户幕府
构造 / 主要遗迹	平城 / 箱馆奉行所厅舍·板制库房·地窖（复）、土垒、石垣、壕沟等
所在地	北海道函馆市五棱郭町
交通	乘坐市里的电车到"五棱郭公园前"下车，徒步约 20 分钟

【解说】 幕府末期（安政年间），作为北方防御据点，江户幕府将直辖的函馆奉行所设置在松前藩领地内。这就是建造五棱郭城的契机。这是伊予大洲藩武士兼兰学者武田斐三郎设计的棱堡式城郭，堡垒被配置成星状五角形，能应对最新大炮的攻击，这种构造也能让进攻的敌人处在交叉火力的打击下。这里是戊辰战争终结战的舞台。

五棱郭（从五棱郭瞭望塔上看到的景色）

城郭　专栏　**阿伊努城郭**

散布在北海道东部的阿伊努城郭

所谓阿伊努城郭，用阿伊努语解释，就是"建在山上、用栅栏围绕的设施"。许多城郭都建在临海的悬崖附近，周围有コ字形或半圆形的壕沟。

这些城郭主要分布在北海道的太平洋一侧，一般人认为这是城寨的一种形态，也有人认为这是阿伊努人祭祀、交易的场所，是谈判、讨论的地点。

18世纪左右，阿伊努城郭这个词出现在文献上。此后，宽政元年（1789年），在北海道东部松前藩和阿伊努人之间爆发了"国后目梨之战"。在此之前的17世纪中叶的"沙牟奢允之战"中，"标茶利城郭"是阿伊努人的重要据点。

许多阿伊努城郭建造于16世纪至18世纪。现在，在北海道范围内确认了483个阿伊努城郭，而根室市内的32个城郭中，有24个是国家指定的历史遗迹。

其构造主要分作四类，即"孤岛式""丘顶式""山丘前端式""面崖式"。"孤岛式"城郭建造在平坦地区的山丘或湖沼中的岛屿上。"丘顶式"城郭建造在山脉或丘陵顶部，周围环绕挡墙等。"山丘前端式"城郭建造在山丘或海角的前端突出处。"面崖式"城郭建造在悬崖上。除此之外，也有建造在低地处的"平地式"城郭。

（宫本治雄）

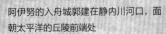

阿伊努的入舟城郭建在静内川河口，面朝太平洋的丘陵前端处

阿伊努的白老城郭建在仙台藩白老阵屋（近前方）内里的山丘上

竖立在真歌公园内的阿伊努人的英雄沙牟奢允的雕像和记载相关城郭历史的石塔（位于北海道）

照片　西谷恭弘（本页三幅）

7	根城	
	奥州·南朝方的重要据点	

【数据】

筑城年代	建武元年（1334年）
筑城者	南部师行
构造/主要遗迹	平城/主殿·中马厩·东门·铁匠铺（复）、土垒、空壕等
所在地	青森县八户市根城
交通	从JR八户站坐公交到"根城（博物馆前）"站下车，徒步约5分钟

【解说】 南北朝时代，曾是代理国司（国司是中央派遣到各地的地方官。——译者注）的南部氏第四代家主师行建造了根城，将其作为南朝一方的重要据点。城郭的名称就意味着"平定奥州的根本之城"，但也有人说它曾经的正式城名叫"八户城"。该城的五个曲轮（本丸、中馆、东善寺馆、冈前馆、泽里馆）各自独立，周围都有壕沟环绕，这是典型的中世纪城郭样式。宽永四年（1627年），在幕府的命令下，南部氏迁移到远野，这里就成为废城。

8	三户城
	"三户南部氏"的大本营

【数据】 层塔型/三层四楼（1967年仿建）

别称	留崎城
筑城年代	永禄年间（1558—1570年）
筑城者	南部晴政
构造/主要遗迹	山城/天守（仿建）、纲御门（复）、铁匠铺御门、石垣、虎口、土垒、空壕等
所在地	青森县三户町梅内
交通	从青森铁道三户站坐公交到"三户町役场前"站下车，徒步约20分钟

【解说】 南部氏曾经居住200年左右的居城圣寿寺馆被烧毁，第二十四代家主晴政就在以南四公里左右的三户盆地中央的丘陵地带（留崎）建造了这座新城，从这里可以眺望到熊原川和马渊川。盛冈藩创始人的第二十六代家主信直对该城进行了全面维修。即便在南部氏迁移到盛冈后，这里依然还是代理城主和代理地方官居住的地方。后来，人们对该城本丸角橹进行复原，在此基础上仿建了天守，现在那里是被称作"温故馆"的资料馆。

9	盛冈城
	东北地区屈指可数的壮丽石垣

【解说】 这是盛冈南部氏的居城。庆长二年（1597年），初代藩主信直让嫡子利直作为总管，开始筑城，宽永十年（1633年）第二代藩主重直完成建城工程。据说浅野长政曾经提过建议。本丸、二之丸、三之丸、腰曲轮部分别建造了壮丽的石垣。据说现存的石垣群在东北地区首屈一指。在明治七年（1874年）解体前，还有红瓦屋顶的三层橹，这是独立式层塔型的建筑，三层三楼。该城的别称是"不来方"，这是盛冈的旧地名。

【数据】

别称	不来方城
筑城年代	庆长二年（1597年）
筑城者	南部信直
构造/主要遗迹	平山城/仓库、石垣、壕沟、土垒
所在地	岩手县盛冈市内丸
交通	从JR盛冈站徒步约15分钟

盛冈城本丸和二之丸之间的壕沟

10 弘前城 （参见第 52、53 页）

11 花卷城
保卫北上川流域的要害

【数据】

筑城年代	10 世纪
筑城者	安倍氏
构造／主要遗迹	平山城／圆城寺门（后门）、时钟堂、西御门·橹（仿建）、壕沟、土垒等
所在地	岩手县花卷市城内
交通	从 JR 花卷站徒步约 15 分钟

【解说】据说其前身是安倍氏在 10 世纪建造的"鸟谷崎城"。从永享八年（1436 年）开始，稗贯氏将其作为大本营后，16 世纪末，南部氏的重臣北秀爱成为代理城主，将城名改为"花卷城"，着手进行了大规模维修。本丸、二之丸、三之丸各自独立，分别围绕着壕沟。藩政时期，盛冈藩的武士担当代理城主。当时的城郭后门中的唯一遗迹圆城寺门现存于别处。

12 胁本城
男鹿半岛的中世纪城郭遗迹

【数据】

筑城年代	15 世纪（推定）
筑城者	安东氏（推定）
构造／主要遗迹	丘城／曲轮、虎口、土垒、空壕、水井遗迹
所在地	秋田县男鹿市胁本
交通	从 JR 男鹿站徒步约 30 分钟

【解说】这是从中世纪起延续下来的安东氏的居城遗迹。据说在东北地区占地总面积最大，约 1500000 平方米。天正五年（1577 年），安东爱季进行了大规模修复，但在庆长五年（1600 年）前后，该城成为废城。这里也成为安东家族同室操戈以及凑会战的舞台。城郭内残留有"天下道""田谷泽道"等穿山古道。这里出土了许多中国元朝时期的染色壶等贵重陶器品。

13 久保田城
年俸 205000 石的佐竹氏的居城

【数据】

别称	矢留城、葛根城、秋田城
筑城年代	庆长八年（1603 年）
筑城者	佐竹义宣
构造／主要遗迹	平山城／哨所、石阶、石垣、壕沟、土垒、御隅橹·正门（复）等
所在地	秋田县秋田市千秋公园
交通	从 JR 秋田站徒步约 15 分钟

【解说】初代久保田藩主佐竹义宣（原水户城主）放弃了秋田氏（安东氏）的居城凑城，在神明山建造这座新城，宽永八年（1631 年）完工。

这是一座非常简约的城郭，从一开始就没有天守，只有八座御隅橹、壕沟、配置土垒的石垣。本丸正门是木质瓦顶的二层橹门，也被称作"一之门"。二之门（长坂门）的哨所地处要点，配有武士，也是唯一留存下来的藩政时期的建筑。

久保田城的仿建橹

横手城的仿建天守

14 横手城
可以环顾横手盆地的瞭望台

【数据】 复合式·望楼型/三层四楼（1965年仿建）

别称	朝仓城、阿樱城、韭城、冲城
筑城年代	室町时代
筑城者	小野寺氏
构造/主要遗迹	山城/天守（复）、土垒
所在地	秋田县横手市城山町
交通	从JR横手站徒步约30分钟

【解说】 藩政时期之前，掌管仙北三郡的小野寺氏建造了横手城。该城位于能眺望横手川的朝仓山上，没有使用石垒，而是在斜面上种植韭菜，以防水土流失和敌方攻击，"韭城"的别称就来源于此。关原之战后，城主小野寺义道被流放到石见国，久保田藩主佐竹义宣将该城作为支城，设置了代理城主。戊辰战争时，护幕派（奥羽越列藩同盟）的仙台、庄内藩的军队攻陷该城。过去很长时间，这里被称作"朝仓城"。

15 山形城
最上氏的据点，占地面积广大的城郭

【数据】

别称	霞城
筑城年代	正平十二年·延文二年（1357年）
筑城者	斯波兼赖
构造/主要遗迹	平城/石垣、壕沟、土垒、门·桥（复）
所在地	山形县山形市霞城町
交通	从JR山形站徒步约10分钟

【解说】 被任命为羽州探题（探题是由中央派驻的地方官。——译者注）的最上氏的先人斯波兼赖建造了霞城，文禄年间（1592—1596年），第十一代义光进行了大规模维修。最上氏被解职后，城主鸟居忠政在元和八年（1622年）对二之丸等进行了改建维修，这些建筑留存至今。这是一座在日本排名第五的占地面积广大的轮廓式平城。该城别称来自一个传说，因为云霞遮蔽城郭，直江兼续率领的上杉军团找不到攻击方，只能垂头丧气撤退。

16 米泽城
在本丸遗迹上祭祀上杉谦信

【解说】 该城前身是长井庄地头（庄园管理者。——译者注）大江时广建造的宅邸。伊达氏灭亡长井氏后，其第十五代晴宗在天文十七年（1548年）成为城主，进行了大规模改修（政宗就出生在米泽城）。庆长三年（1598年）上杉景胜的重臣直江兼续成为城主，

【数据】

别称	舞鹤城、松岬城
筑城年代	历仁元年（1238年）
筑城者	长井（大江）时广
主要改建者	上杉景胜
构造/主要遗迹	平城/土垒、壕沟
所在地	山形县米泽市丸之内
交通	从JR米泽站徒步约20分钟

建造了三之丸等。该城本丸周围建有壕沟和堤坝，东北角和西北角有三层橹。现在，在本丸遗迹上有祭祀日本战国名将上杉谦信的旅游景点。

17 鹤冈城
培养庄内藩武士的平城

【数据】

别称	大宝寺城、大梵寺城
筑城年代	镰仓时代
筑城者	武藤氏
构造/主要遗迹	平城／壕沟、土垒、石垣、藩校
所在地	山形县鹤冈市马场町
交通	从JR鹤冈站徒步约20分钟

【解说】 其前身是战国时代统一庄内地区的武藤氏的居城大宝寺城。天正十五年（1587年）越后地区的上杉氏灭亡武藤氏，统治该地区，之后的庆长八年（1603年），山形城主最上义光将该城作为自己的隐居之城，改名鹤冈城。最上氏被免职后，元和八年（1622年）从信州松代迁入的庄内藩主酒井忠胜将其改建为占地面积广大的城郭。留存在三之丸遗迹上的藩校"致道馆"是珍贵的历史遗迹。

18 松山城
残存县内唯一一老城门的城郭

【解说】 正保四年（1647年），根据初代庄内藩主酒井忠胜的遗言，其三子忠恒分到了领地的中山地区，从而诞生了分支藩——松山藩。忠恒将"中"改称"松"。第三代藩主酒井忠休在兵营的基础上建造了留存至今的城郭，但本丸的建造并未完成。遗迹中的大手门是18世纪末重建的橹门，非常壮观，县内的城郭中，只有这里残存着唯一的老城门。

【数据】

别称	松岭城、中山（松山）兵营
筑城年代	天明元年（1781年）
筑城者	酒井忠休
构造/主要遗迹	平城／大手门、壕沟、土垒
所在地	山形县酒田市新屋敷
交通	从JR余目站坐出租车约30分钟

19 仙台城
不愧是伊达氏男人的大要塞

【数据】

别称	青叶城、五城楼
筑城年代	庆长六年（1601年）
筑城者	伊达政宗
构造/主要遗迹	平山城／石垣、壕沟、土垒、大手门的胁橹（复）
所在地	仙台市青叶区川内
交通	从JR仙台站坐公交到"仙台城遗址"站下车，徒步约5分钟

【解说】 初代仙台藩主伊达政宗选择险要之地建城，其位于广濑川沿岸的丘陵青叶山上，城东、城南侧都是断崖绝壁。据说本丸中曾建有能和丰臣秀吉的聚乐第相媲美的豪华御殿和三层的角橹。从第二代忠宗到第四代纲村，伊达家在山脚下又修建了二之丸、三之丸。采用多种技法建造的石垣遗迹群很珍贵。

仙台城本丸的高石垣

20 多贺城
奈良、平安时代的国府遗迹

【数据】

别称	多贺栅、陆奥镇所、多贺国府
筑城年代	神龟元年（724年）
筑城者	大野东人
构造/主要遗迹	平山城/土挡墙遗迹、政务厅遗迹（复）、多贺城碑
所在地	宫城县多贺城市市川
交通	从JR国府多贺城站徒步约15分钟

【解说】 这是大和政权的陆奥镇守将军大野东人建造的城郭遗址。从8世纪前半期至11世纪，陆奥国的国府设置于此，朝廷会派来国守、按察使等行政长官，也是讨伐奥州地区的据点。城郭约一公里见方，周围环绕土挡墙，设有正殿、侧殿、后殿、楼阁等，中央处有一个百米见方的政务厅遗迹。城郭一角残留着刻有筑城者名字的"多贺城碑"（重要文化财产），这是日本三大古碑之一。

白石城复原的御三层橹

照片 西谷恭弘

21 白石城
战后最大规模的木造复原橹

【数据】 复合式·层塔型/三层三楼（1995年木造复原）

别称	益冈城、枡冈城
筑城年代	天正十九年（1591年）
筑城者	蒲生乡氏、蒲生乡成
构造/主要遗迹	平山城/石垣、土垒、壕沟、御三层橹·大手门（复）
所在地	宫城县白石市益冈町
交通	从JR白石站徒步约10分钟

【解说】 因为丰臣秀吉的奥州仕置（丰臣秀吉对日本东北地区大名的奖惩处置。——译者注），伊达氏部下白石氏的大本营移交给蒲生氏乡，其家臣蒲生乡成建造了这座保存至今的城郭。庆长七年（1602年），伊达政宗的重臣片仓景纲成为城主，对白石城进行了改建。之后，这里就成为仙台藩的支城，城主是片仓氏。作为天守的御三层橹建在高约九米的石垣上，据说在战后的木造复原天守中，这是最大的。这里是奥羽越列藩结成同盟的舞台。

22 会津若松城
日本唯一的红瓦天守

【数据】 层塔型/五层五楼（1965年外观复原）

别称	鹤城、黑川城、若松城、会津城
筑城年代	至德元年（1384年）
筑城者	芦名直盛
主要改建者	蒲生氏乡
构造/主要遗迹	平山城/天守·橹·长屋（复）、石垣、壕沟、土垒等
所在地	福岛县会津若松市追手町
交通	从JR会津若松站坐公交到"鹤城入口"站下车，徒步约3分钟

【解说】 前身是会津守护（官职名，镰仓末期逐渐领主化。——译者注）芦名直盛建造的"东黑川馆"。芦名氏被伊达政宗灭亡后，蒲生氏乡成为城主，进行了大规模改建，建造了五层黑墙的天守，天守台的"野面积"石垣就是当时留下的。这是一座日本唯一的红瓦［庆安元年（1648年）左右，藩主保科正之最早使用红瓦］复原天守。这里是戊辰战争的激战地，因为"白虎队"（由十六七岁少年组成的军队）而闻名，石垣上还残留着弹孔。

白河小峰城的复原御三层橹
照片 西谷恭弘

23 白河小峰城

保卫"白河之关"的坚固城郭

【解说】 这是建在阿武隈川沿岸丘陵"小峰冈"上的石垣城郭。从南北朝时代开始，这里就是白河结城氏的大本营，被丰臣秀吉没收后，蒲生氏、上杉氏等相继成为代理城主。宽永六年（1629 年），初代白河藩主丹羽长重进行大规模改修，当时的城郭保存至今。此后，这里就成为以松平定信为首的七家二十一代大名的居城。在戊辰战争的白河口之战中，该城陷落。

【数据】	复合式·望楼型 / 三层三楼（1991 年木造复原）
别称	小峰城、白河城
筑城年代	兴国·正平年间（1340—1370 年）
筑城者	结城亲朝
主要改建者	丹羽长重
构造 / 主要遗迹	平山城 / 御三层橹·前御门（复）、石垣、壕沟、土垒
所在地	福岛县白河市郭内
交通	从 JR 白河站徒步约 5 分钟

24 二本松城

山脚有近代痕迹，山顶有中世纪痕迹

【数据】

别称	霞城、白旗城
筑城年代	应永二十一年（1414 年）
筑城者	畠山（二本松）满泰
构造 / 主要遗迹	平山城 / 二之九石垣、壕沟、箕轮门·橹·本丸石垣（复）
所在地	福岛县二本松市郭内
交通	从 JR 二本松站徒步约 20 分钟

【解说】 该城地势险要，位于海拔 345 米的白旗峰上。足利氏的奥州探题畠山（二本松）氏长期将这里作为居城。天正十四年（1586 年），伊达政宗灭亡畠山（二本松）氏后，历经蒲生、上杉、松下、加藤氏，宽永二十年（1643 年），丹羽光重成为二本松藩主，经他改建的城郭保存至今。此后，这里就成为丹羽氏的居城。戊辰战争中，和"白虎队"一样，这里的"二本松少年队"也战死沙场。

25 猪苗代城

临湖山丘上古城遗迹

【数据】

别称	龟城
筑城年代	南北朝至室町时代
筑城者	猪苗代（佐原）氏
构造 / 主要遗迹	平山城 / 石垣、土垒
所在地	福岛县猪苗代町古城迹
交通	从 JR 猪苗代站坐公交到"龟城入口"站下车，徒步约 10 分钟

【解说】 该城位于磐梯山麓、猪苗代湖北岸的海拔 550 米的丘陵上。在源赖朝的奥州征讨中，佐原义连获得会津四郡，从其孙子经连（第一代猪苗代氏）以后，这里长期是该氏族的居城［也有人认为筑城时间是建久二年（1191 年）］。伊达政宗征服猪苗代氏后，蒲生氏乡将其改建为近代城郭，作为会津若松城的支城。该城在戊辰战争中烧毁，据说是日本最早的平山城遗迹。在相邻的分城·鹤峰城遗迹上残留着石砌的虎口等。

明治以后城郭中才出现了樱花意象

　　天守自不必说，在石垣等城郭遗迹中，盛开的樱花也展现出绝佳美景。

　　但从年代上分析，城郭和樱花构成胜景大多是在明治维新以后。其证据就是许多盛开的樱花树都是染井吉野樱花树。事实上，这种染井吉野樱花树是江户末期至明治初期在江户染井村（现在的东京都丰岛区驹込一带）培育出来的，在关原之战后的全国筑城热的年代，这种品种并不存在。

　　为何是明治以后呢？其主要原因就是明治维新政府颁布废城令后，负责管理城郭的陆军省将全国两百多座城堡廉价出卖给民间，抑或是陆军部队驻扎在城堡遗迹上，设置学校等。

　　许多被卖掉的城堡荒废下去，碰到大雨，石垣和土垒会崩塌。作为防止城堡荒废的举措，就是种植无须过多打理的樱花树，于是，便在全国各地的城郭里种植了染井吉野樱花树。

　　如果列举三个全国著名的樱花名城，那就是约五十个树种两千六百棵樱花树群芳争艳的弘前城（青森县），近千棵染井吉野樱花树、山樱树映衬天守的姬路城（兵库县）和小彼岸樱等树龄超一百二十年的古树缤纷盛开的高远城（长野县）。到了樱花开放时节，各自都会举办"樱花节"和"赏樱会"。

（宫本治雄）

夜晚泛光灯照射下的姬路城三之丸的樱花树

从下乘桥眺望樱花绽放下的天守。在弘前城中，日本最古老的染井吉野樱花树虽然树龄过百，依然开花

被积雪残留的南阿尔卑斯和中阿尔卑斯群山环绕的高远城遗址。高远固有的新品种高远彼岸樱花树的枝头上开满了淡红色樱花

照片　朝日新闻社（第112—115页全部）

主要的樱花名城

熊本城

津山城

筱山城

松江城

3月25日

3月20日

3月31日

小仓城

福冈城

广岛城

津山城

龙野城

长滨

岛原城

熊本城

冈城

伊予松山城

丸龟城

赤穗城

姫路城

筱山城

明石城

彦根城

伏见城

和歌山城

大和郡山城

伊贺上野城

预计开花日期
3月20日

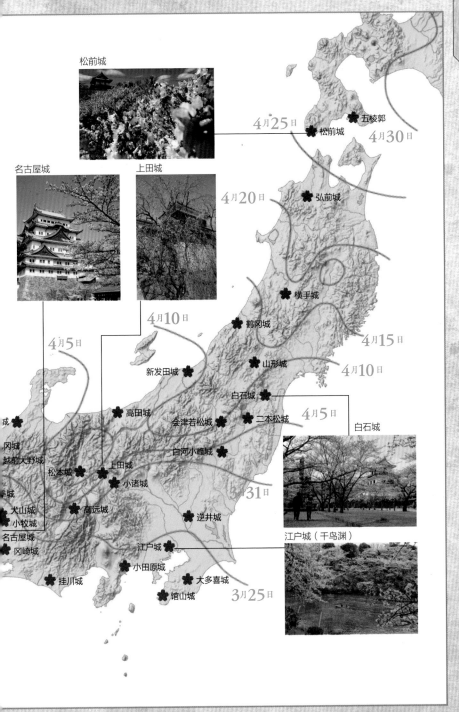

赏樱

松前城

名古屋城

上田城

4月25日

五棱郭
松前城
4月30日

4月20日

弘前城

横手城

4月10日

鹤冈城

4月15日

新发田城

山形城

4月10日

白石城

4月5日

高田城

会津若松城

二本松城

4月5日

白石城

城

冈城

越前大野城

松本城

上田城

白河小峰城

4月31日

江户城（千鸟渊）

犬山城

小诸城

小牧城

高远城

名古屋城

冈崎城

逆井城

挂川城

江户城

小田原城

大多喜城

3月25日

馆山城

115

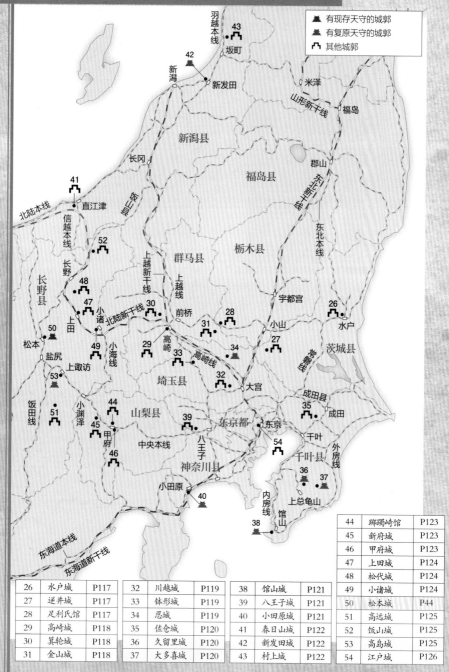

有现存天守的城郭
有复原天守的城郭
其他城郭

羽越本线
坂町
43
42
新潟
新发田
米泽
山形新干线
福岛

北陆本线
41
直江津
信越本线
长野
52

新潟县

福岛县

郡山
东北新干线

栃木县

东北本线

长野县

48
47
上田
小诸
30
前桥
31
28
宇都宫
小山
26
水户
茨城县

上越新干线
群马县
上越线

松本
50
盐尻
53
上诹访
49
小海线
29
高崎
33
高崎线
34
27
线
成田县

饭田线
51
小渊泽
45
44
甲府
46
中央本线
山梨县
39
八王子
神奈川县
小田原
40
东京都
东京
千叶
成田
35
成田

埼玉县
32
大宫

54
千叶县
外房线

38
馆山城
内房线
馆山
上总龟山
36
37

东海道本线
东海道新干线

文字 高桥和彦

26 水户城

留存有日本最大"藩校"

【解说】马场氏把水户城建造在那珂川和千波湖之间的台地上，长期将这里作为居城。历经江户氏、佐竹氏，后来成为水户德川家的大本营。庆长十四年（1609年），德川家康的儿子赖房进行了大规模改修，使其成为一座没有石垣的城郭。在三之丸的遗迹上保存着第九代藩主齐昭创建的当时日本最大规模的"藩校"弘道馆（重要文化财产），在本丸遗迹上保存着药医门，在二之丸遗迹上竖立着城址碑。御三层橹因为第二次世界大战期间的空袭被烧毁。

【数据】

别称	马场城、水府城
筑城年代	建久年间（1190—1198年）
筑城者	马场资干
构造/主要遗迹	平山城/药医门、弘道馆、空壕、土垒
所在地	茨城县水户市三之丸
交通	从JR水户站徒步约8分钟

27 逆井城

完美复原的"战国城郭"

【数据】

别称	饭沼城
筑城年代	天正五年（1577年）
筑城者	北条氏繁
构造/主要遗迹	平城/主殿·二层橹·橹门·桥（复）、外壕沟、土垒等
所在地	茨城县坂东市逆井
交通	从关东铁路石下站坐出租车约20分钟

【解说】这里是室町时代、战国时代武将逆井氏的大本营，天文五年（1536年），后北条氏灭亡逆井氏，修建"饭沼城"，天正五年（1577年），城主北条氏繁进行了大规模改修。有人说这里也是忍者集团的居所。在天正十八年（1590年）的小田原之战中，后北条氏被丰臣秀吉消灭，这座城变成废城。现在复原了带有歇山式望楼的战国时代的橹和主殿。

逆井城正面瞭望橹（复原）

28 足利氏馆

位于大寺院中的武家宅邸

【解说】这是源氏分支的足利氏第二代足利义兼的居馆。据说义兼信佛，法号镤阿，在馆内建造了持佛堂。之后，寺院得到整修，第三代义氏建造了堂宇，这里变成镤阿寺（真言宗大日派），留存至今。平成二十五年（2013年），足利尊氏的父亲贞氏重建的正殿被指定为国宝。在寺院中保存着镰仓时代的武家宅邸。

【数据】

别称	镤阿寺
筑城年代	平安时代末期至镰仓时代初期
筑城者	足利义兼
构造/主要遗迹	平城（馆）/壕沟、土垒
所在地	栃木县足利市家富町
交通	从JR足利站徒步约10分钟

足利尊氏的父亲贞氏重建的正殿被指定为国宝。在寺院中保存着镰仓时代的武家宅邸。

29 高崎城
江户北方的防御要冲

【数据】

别称	和田城
筑城年代	庆长三年（1598 年）
筑城者	井伊直政
构造／主要遗迹	平城／乾橹・东门（迁移来的建筑）、壕沟、土垒
所在地	群马县高崎市高松町
交通	从 JR 高崎站徒步约 15 分钟

【解说】 据传其前身是平安末期豪族和田氏的大本营。庆长三年（1598 年），根据德川家康的命令，德川四天王之一的井伊直政在和田城遗址上建造该城，命名为"高崎城"，其背后有鸟川天险。据说元和五年（1619 年）安藤重信任城主时，整座城的建造工程完工，御三橹所在曲轮的内部面积超过 5 万坪（约 165189 平方米）。残留在三之丸遗迹上的斗形土垒和壕沟让人联想到往日情景。乾橹是县内唯一现存的城郭建筑。

30 箕轮城
战国时代西上野的据点

【数据】

筑城年代	永正年间（1504—1521 年）
筑城者	长野氏
构造／主要遗迹	平山城／土垒、空壕、石垣
所在地	群马县高崎市箕乡町
交通	从 JR 高崎站坐公交到"箕乡本町"站下车，徒步约 20 分钟

【解说】 该城位于榛名山东南山脚下，东西长 500 米，南北长 1000 米，一条大壕沟把南北的主城和支城分隔开，靠土桥连接。该城是跟随关东管领（室町幕府的官职名。——译者注）山内上杉氏的长野氏的大本营，永禄九年（1566 年）被武田信玄攻陷。之后，城主不断变换，历经武田、织田、北条、德川氏，最后的城主是井伊直政，庆长三年（1598 年），直政移居高崎城，这里成为废城。宽 40 米、深 10 米的壕沟等残存此处。

31 金山城
"关东七名城"之一

【数据】

别称	新田金山城、太田金山城
筑城年代	文明元年（1469 年）
筑城者	岩松家纯
主要改建者	北条氏政
构造／主要遗迹	山城／石垣、土垒、壕沟
所在地	群马县太田市金山町
交通	从东武太田站坐出租车约 5 分钟（金山城历史遗迹导游处）

【解说】 这是面积 978000 平方米的大型城郭遗址。岩松氏之后，在由良氏时期，该城达到全盛时期。以山顶的实城（本丸）为中心，在四周山脊上构筑了方形曲轮，里面多采用石垣和石地。虽历经越后上杉氏、甲斐武田氏、小田原北条氏的十几次进攻，该城依旧岿然不动。在天正十八年（1590 年）的小田原之战后，这里成为废城。现在，马场下通道、正面虎口、储水池等保存良好，得到维修。

金山城遗迹上新建的石垣

川越城·本丸御殿

32 川越城
稀少的遗留建筑"本丸御殿"

【解说】 从天文六年（1537年）起，这里为北条氏所有，在小田原之战中被前田利家攻陷。之后，作为江户后方的第一防御线，历代城主都由德川家重臣担任。宽永十六年（1639年），川越藩主松平信纲进行了大规模的改修和扩建，将其打造成占地46000坪（约152000平方米）的近代城郭，里面有4座橹，13道门。"本丸御殿"曾是将军留宿的地方，在日本全国也是少见的历史遗留建筑。

【数据】

别称	初雁城、雾隐城
筑城年代	长禄元年（1457年）
筑城者	太田道真、太田道灌
主要改建者	松平信纲
构造／主要遗迹	平山城／本丸御殿的一部分、土垒、家老守卫室（迁移来的建筑）等
所在地	埼玉县川越市郭町
交通	从JR东武川越站或西武本川越站乘坐观光巴士到"本丸御殿"或"博物馆前"站下车，徒步即到

33 钵形城
武藏国的守护所

【解说】 这是断崖绝壁上的战国时代城郭遗址，处于荒川和深泽川之间。筑城者是山内上杉氏的武藏守护。北条氏邦进行了大规模的改扩建，将其作为小田原城的支城，当年的城郭保存至今。在小田原讨伐战中，被前田利家和真田昌幸围困的氏邦坚守了一个多月，最后开城投降。因为这里是连接上州和信州的交通要道，德川家康进入关东地区时，让自己的直属武士担任代理城主。

【数据】

筑城年代	文明八年（1476年）左右
筑城者	山内上杉氏
构造／主要遗迹	平山城／土垒、壕沟、四脚门·石垒（复）等
所在地	埼玉县寄居町钵形
交通	从JR高崎寄居站乘坐公交到"钵形城历史馆前"站下车，徒步约5分钟

34 忍城
真正的水城结构

【解说】 据说这里是成田氏四代的居城，也是建造在利根川和荒川之间的沼泽地上的坚固之城。在天正十八年（1590年）的小田原之战中，经受住了石田三成的水攻（在约一周的时间中建造了总长28公里的堤坝，其中一部分保存至今），从而传闻天下。德川家康的四子松平忠吉成为城主后，亲藩（江户时代大名的等级之一，指德川家族近亲。——译者注）、谱代（江户时代大名的等级之一，指关原之战前跟随德川家康的旧臣。——译者注）成为忍藩的藩主。"御三层橹"建造于元禄十五年（1702年），复原后的形态和往昔大不相同。

【数据】 ▲ 层塔型／三层三楼（1988年复建）

别称	忍浮城、龟城
筑城年代	文明年间（1469—1487年）
筑城者	成田氏
构造／主要遗迹	平城／御三层橹·城门（复）、土垒、壕沟
所在地	埼玉县行田市本丸
交通	从秩父铁路行田市站徒步约15分钟

35 佐仓城

守卫江户东面的"老中之城"

（老中指江户幕府中具有最高地位的执政官，直属将军。——译者注）

【解说】庆长十六年至元和二年（1611—1616年），佐仓藩主・老中土井利胜在千叶氏一族建造的城郭基础上，进行了大规模的改扩建工作，在本丸设置了天守（御三层橹）、铜橹、角橹等。

【数据】	
别称	鹿岛城
筑城年代	天文年间（1532—1555年）
筑城者	鹿岛干胤
主要改建者	土井利胜
构造 / 主要遗迹	平山城、壕沟、土垒、天守台遗迹、马出（复）
所在地	千叶县佐仓市城内町
交通	从京成佐仓站徒步约20分钟

作为江户东面的防御要冲及将军退守的城郭，在九家二十代的藩主中，老中占了九人，在全藩中人数最多。设置在虎口正面的小曲轮"马出"得到了正确复原，是看点之一。

---

36 久留里城

雾浓雨多的丘上之城

【解说】宽保二年（1742年），久留里藩主黑田直纯进行了大改建，将其打造成近代城郭，本丸设有二层橹，二之丸设有四闻橹。由于这一带雾浓，而且建城时阴雨绵绵，所以城郭的别称里出现雨、雾等词眼。久留里藩始于大须贺（松平）忠政，他父亲是德川四天王之一的榊原康政，之后的土屋氏被免职，这里成为废藩。黑田直纯再度立藩后，黑田氏九代统治这里。

【数据】 独立式・望楼型 / 二层三楼（1979年仿建）	
别称	雨城、雾降城、浦田城
筑城年代	15世纪
筑城者	里见氏
构造 / 主要遗迹	平山城 / 天守（复）、土垒、壕沟、水井
所在地	千叶县君津市久留里
交通	从JR久留里站徒步约35分钟

---

37 大多喜城

豪杰本多忠胜进行大规模改建

大多喜城仿建天守

【数据】 层塔型 / 三层四楼（1975年仿建）	
别称	小田喜城
筑城年代	16世纪
筑城者	真里谷信清
主要改建者	本多忠胜
构造 / 主要遗迹	平山城 / 天守（复）、土垒、空壕、水井、御殿里门
所在地	千叶县大多喜町大多喜
交通	从夷隅铁路大多喜站徒步约15分钟

【解说】当初叫"小田喜城"，历经真里谷武田氏，之后成为安房里见氏重臣正木氏的居城。因为小田原讨伐，德川四天王之一的本多忠胜成为城主，进行了大规模的维修和扩建，使其成为带有三层橹（天守）的近代城郭。庆长十四年（1609年），在航行中漂流至此的菲律宾临时总督罗德里戈进入城内，对金银装饰的御殿赞不绝口，并记载在《日本见闻录》中。

38 馆山城
"南总里见八犬传"的舞台

（南总里见八犬传：曲亭马琴的传奇小说，叙述安房里见氏之祖义实的女儿生下持有仁、义、礼、智、忠、信、孝、悌之玉的八犬士，为复兴里见家大显身手。——译者注）

【数据】复合式·望楼型／三层四楼（1982年仿建）

别称	根古屋城
筑城年代	战国时代末期
筑城者	里见氏
构造／主要遗迹	平山城／天守（复）、土垒、壕沟
所在地	千叶县馆山市馆山
交通	从JR馆山站坐公交到"城山公园前"站下车，徒步约5分钟

【解说】这是能眺望镜浦（馆山湾）的山城，因为"南总里见八犬传"而闻名遐迩，据说在战国时代，为了和后北条氏进行攻防战，里见氏第九代义康所建。一直到江户时代初期，历经十代一百七十年，统领安房地区的里见氏卷入幕府的派阀之争以及和金银调配有关的"大久保长安事件"（大久保长安曾任石见银山、佐渡金山等地的奉行，生前涉嫌贪污，死后所留七子被处以剖腹之刑。——译者注），庆长十九年（1614年），第十代家主忠义被免职，这里也成为废城。

39 八王子城
关东地区屈指可数的战国末期的城郭遗址

筑城年代	天正十五年（1587年）左右
筑城者	北条氏照
构造／主要遗迹	山城／马蹄阶、土垒、石垣·城墙·石阶·石板地（复）
所在地	东京都八王子市八王子町
交通	从JR高尾站坐公交到"灵园前"站下车，徒步约20分钟

【解说】后北条氏从泷山城将大本营迁移至此，在深泽山（海拔445米）建造的山城，据说在关东地区屈指可数。天正十八年（1590年），被前田利家和上杉景胜的联军攻陷。这成为由丰臣秀吉主导的小田原讨伐战的开端，但人们都认为，该城被攻陷时还没有完全建造完毕。御主殿遗迹的石垣、虎口、古道等得到修缮，"松木曲轮""小宫曲轮"等也被保存下来。

40 小田原城
固若金汤的巨大城郭

【数据】复合式·层塔型／三层四楼（1960年复建）

别称	小早川城、小峰城
筑城年代	15世纪中叶
筑城者	大森氏
构造／主要遗迹	平山城／天守·门（复）、石垣、土垒、壕沟
所在地	神奈川县小田原市城内
交通	从JR或者小田急铁路的小田原站徒步约10分钟

【解说】明应四年（1495年），北条早云（伊势宗瑞）灭亡大森氏，由此，北条五代将这里作为居城。在小田原之战中，北条氏环绕城内区域，建造了总长九公里的城墙，与丰臣秀吉军对抗。作为监控箱根关隘的防御要冲，宽永年间（1624—1644年），稻叶氏对其进行了大规模修缮和改建，当时的城郭保存至今。宝永三年（1706年），该城天守得以重建，一直保存到幕府末期，后来，人们在这个第四代天守的基础上修建了新天守。

小田原城复建天守

41 春日山城

上杉谦信住过的巨大山城

【数据】	
别称	蜂峰城、钵峰城
筑城年代	15 世纪左右
筑城者	长尾氏
构造 / 主要遗迹	山城 / 土垒、空壕、大水井遗迹、毗沙门堂（复）
所在地	新潟县上越市中屋敷・大豆
交通	从 JR 春日山站徒步约 40 分钟

【解说】 据说上杉谦信的祖父长尾能景建造该城，谦信对这座保存至今的巨大山城进行修缮和扩建，将其作为大本营。本丸位于颈城平原西北的春日山上（蜂峰・海拔 189 米），配置有众多曲轮和要塞。山脚下的城池被日本全国都少见的全长 1.2 公里的"监视濠"和土垒所环绕。山脚林泉寺的"总门"据说是从原城郭后门迁移过来的。

42 新发田城

三只鲵、石垣、波纹墙

【数据】 层塔型 / 三层三楼（2004 年木造复原）	
别称	菖蒲城、舟形城、浮舟城、狐尾引城
筑城年代	庆长三年（1598 年）
筑城者	沟口秀胜
构造 / 主要遗迹	平城 / 天守・辰巳橹（复）、橹、长屋、门、石垣、土垒、壕沟
所在地	新潟县新发田市大手町
交通	从 JR 新发田站徒步约 20 分钟

【解说】 上杉景胜遵照丰臣秀吉的命令灭亡新发田氏后，初代新发田藩主沟口秀胜在原城遗址上建造宏大新城，在秀胜时代的 50 年后，即第三代的宣直时期，该城完成全部建造，保存至今。严丝合缝的"切入接"石垣、贴着平瓦的波纹墙造型优美，在日本全国都为数不多。木造复原天守"御三层橹"的丁字形大梁上有三只鲵，这种样式在日本国内绝无仅有。本丸正门和旧二之丸的角橹是重要文化财产。

新发田城二层角橹

43 村上城

眺望日本海的高石垣之城

【数据】	
别称	本庄城、鹤舞城、卧牛城、舞鹤城
筑城年代	庆长三年（1598 年）
筑城者	村上赖胜
构造 / 主要遗迹	平山城 / 石垣、竖壕、土垒
所在地	新潟县村上市
交通	从 JR 村上站徒步约 25 分钟

【解说】 室町时代以来，和上杉氏争斗的本庄氏将这里作为大本营，在卧牛山（海拔 135 米）上构筑了本丸。庆长三年（1598 年），成为城主的村上赖胜对这座古城进行了大规模修缮，接下来的堀直竒建造完成保存至今的城郭。据说本丸上有 3 层天守、渡橹和多门。现在，战国时代的竖壕、虎口等遗迹和江户时代高达 8 米的本丸石垣被保留下来。

44 踯躅崎馆
武田氏三代的居馆

【解说】这是武田氏三代的居馆，可以环顾甲府盆地。信玄的父亲信虎从石和馆迁移至此，直到信玄的儿子胜赖在天正九年（1581年）兴建韭崎的新府城之前，这里就是武田氏的大本营，信虎命名甲府城，寓意"甲斐府中"，其和周围的要害山城、汤村山城等连为一体。武田氏灭亡后，在甲府城完工前，德川家康在这里设置了代理城主。

【数据】

别称	武田氏馆、古府馆
筑城年代	永正十六年（1519年）
筑城者	武田信虎
构造/主要遗迹	平城/土垒、壕沟、石垣、水井
所在地	山梨县甲府市古府中町
交通	从JR甲府站坐公交到"武田神社"站下车，徒步即到

45 新府城
武田胜赖非命之地

【解说】战国时代末期，将平城踯躅崎馆作为居城的武田胜赖为了防备织田信长、德川家康军队的攻击，在釜无川的断崖丘陵上建造了这座新大本营，据说是武田流筑城术的集大成之作。天正十年（1582年），该城还未完工，就被织田军攻陷，胜赖亲自放火弃城。胜赖在大月的岩殿山城遭遇部下叛变，自杀而亡。现在，城郭区域成为广大的"新府城遗址公园"。

【数据】

别称	韭崎城
筑城年代	天正十年（1582年）
筑城者	武田胜赖
构造/主要遗迹	平山城/土垒、壕沟
所在地	山梨县韭崎市中田町中条
交通	从JR新府站徒步约15分钟

46 甲府城
宏大本丸天守台的石垣

【解说】丰臣秀吉下令建造该城，历经德川家康、羽柴秀胜等，完工于浅野长政、幸长父子期间。在庆长五年（1600年）的关原之战后，这里成为德川一族的居城。宝永二年（1705年），第五代将军纲吉的"侧用人"（江户幕府的官职名。——译者注）柳泽吉保成为城主，对其进行了大规模修缮改建。之后，这里成为幕府直辖地，设置甲府勤番（勤番指各地大名的家臣轮流在远方要地值守。——译者注）。近年来，宏大的石垣群被修缮，锻冶曲轮门和稻荷橹等也被复原，昔日的威严气象再度显现。

【数据】

别称	舞鹤城、一条小山城、甲斐府中城、赤甲城
筑城年代	天正十一年（1583年）
筑城者	德川家康
构造/主要遗迹	平山城/石垣、壕沟、橹·门（复）
所在地	山梨县甲府市丸之内
交通	从JR甲府站徒步约5分钟

甲府城的本丸天守台

47 上田城
诞生"真田传说"的名城

【数据】

别称	尼渊城、真田城
筑城年代	天正十一年（1583 年）
筑城者	真田昌幸
构造 / 主要遗迹	平城 / 橹、石垣、土垒、壕沟·门（复）
所在地	长野县上田市二之丸
交通	从 JR 上田站或信浓铁路、上田铁路的上田站徒步约 10 分钟

【解说】 该城位于千曲川·尼渊沿岸的阶地上，因为上田之战［天正十三年（1585 年）击退七千人的德川军，在关原之战时让三万八千人的德川秀忠军止步不前］而闻名。之后被德川氏破坏，荒废不堪。真田昌幸的长子、初代藩主信之将藩厅放在三之丸，没有维修整座城郭。元和八年（1622 年），藩主仙石忠政复建该城，三栋橹等遗迹就是当时的产物。

48 松代城
川中岛战役中的大本营

【解说】 作为和上杉谦信决战的大本营，武田信玄在千曲川沿岸建城，命名为"海津城"，让重臣高坂昌信把守。

【数据】

别称	海津城、贝津城、待城、松城
筑城年代	永禄三年（1560 年）左右
筑城者	武田信玄
构造 / 主要遗迹	平城 / 石垣、壕沟、门·桥·水井·土垒（复）
所在地	长野县长野市松代町松代
交通	从 JR 长野站坐公交到"松代"站下车，徒步约 5 分钟

历经织田、上杉氏，元和八年（1622 年）真田信之成为城主后，直到幕府末期，真田家都是这里的藩主。将"待城""松城"改名为"松代城"始于第三代藩主幸道。残留在三之丸附近的"新御殿"是在日本全国范围内都很珍贵的城郭御殿建筑。复原的本丸太鼓门也是看点之一。

49 小诸城
在壕沟底部竖立着三座门

【数据】

别称	醉月城、穴城、锅盖城、白鹤城
筑城年代	天文二十三年（1554 年）
筑城者	武田信玄
构造 / 主要遗迹	平山城 / 大手门（正门）、三之门、天守台、石垣、空壕
所在地	长野县小诸市丁（怀古园）
交通	从 JR 小诸站或者信浓铁路小诸站徒步约 3 分钟

【解说】 这是一座城外高于城内的"穴城"，充分利用了浅间山脚的谷地地势。在镰仓时代，这里有木曾义仲属下小室氏的府邸。天文二十三年（1554 年），武田信玄命令重臣山本勘助和马场信房在大井氏一族的城郭基础上进行维修和扩建。天正十八年（1590 年），仙石秀久进行了大规模的改建修缮。从元禄十五年（1702 年）到幕府末期，这里是牧野氏十代的居城。重要文化财产大手门是秀久时期的文物，三之门是其子忠政时期的文物。

小诸城的三之门

50 松本城 （参见第 44—47 页）

51 高远城
紧盯伊那谷的据点

【解说】该城址位于三峰川和藤泽川交汇的丘陵地带，保留着战国时代山城的氛围。武田信玄打败诹访氏一族的高远氏后，命令山本勘助和秋山信友等人建造真正的城郭。据说在建造过程中糅合了当时最新的筑城技术以及武田流特有的技法。江户时代，这里作为高远藩内藤氏的城下町以及驿站街而得到发展。在三之丸的遗迹上残留着藩校"进德馆"。这里也因为信玄五子仁科盛信固守不退、自杀成仁而闻名天下。

【数据】	
别称	兜山城
筑城年代	天文十六年（1547 年）
筑城者	武田信玄
构造/主要遗迹	平山城/石垣、土垒、空壕、藩校、门（迁移来的建筑）
所在地	长野县伊那市高远町东高远
交通	从 JR 伊那市站坐公交到"高远"站下车，徒步约 15 分钟

52 饭山城
谦信的"川中岛"的基地

【解说】战国时代，这里曾是高梨氏属下泉氏的居城。对抗武田信玄的高梨氏坚守城郭并向上杉谦信请求援军。以此为契机，谦信将这里作为川中岛战役的基地，建造了真正意义上的城郭。据说现在残留下来的规模以及石垣建筑等都是上杉景胜担任城主时的产物。从享保二年（1717 年）到幕府末期，这里是藩主本多氏十代人的居城。在本丸遗迹上残留着江户时代初期的石垣。

【数据】	
筑城年代	永禄七年（1564 年）
筑城者	上杉谦信
构造/主要遗迹	平山城/石垣、土垒、橹门（复）
所在地	长野县饭山市饭山
交通	从 JR 北饭山站徒步约 5 分钟

53 高岛城
浮现在诹访湖上的水城

【解说】丰臣秀吉的家臣日根野高吉取代诹访大社神职出身的诹访氏成为领主后，花费七年时间，在诹访湖边建造了这座新城。高吉是参与过安土城、大阪城建造的筑城名人。该城天守屋顶曾铺着薄柏木板，是木瓦板屋面。庆长六年（1601 年），诹访赖水成为藩主，之后直到幕府末期第十代藩主忠礼时期，这里是诹访氏的居城。在城内的部分区域还保存着当年筑城时留下的"野面积"石垣。

【数据】 独立式·望楼型/三层五楼（1970 年复建）	
别称	诹访浮城、岛崎城
筑城年代	文禄元年（1592 年）
筑城者	日根野高吉
构造/主要遗迹	水城/天守·橹·门·挡墙（复）、石垣、壕沟、三之丸御殿里门（迁移来的建筑）
所在地	长野县诹访市高岛
交通	从 JR 上诹访站徒步约 12 分钟

高岛城外观复原天守

❶巽橹

城郭 _{专栏}

巡游江户城

54 | 江户城 🏯 🏯

【数据】

别称	千代田城
筑城年代	长禄元年（1457 年）
筑城者	太田道灌
主要改建者	德川家康、德川秀忠、德川家光
构造／主要遗迹	平山城／橹、门、石垣、土垒。富士见橹・伏见橹・多闻橹・樱田巽橹・大手门（复）、哨所（复）
所在地	东京都千代田区千代田
交通	从 JR 东京站徒步约 5 分钟

_{专栏}
中之门石垣

　　中之门石垣是瓮城和本丸分界处，瓮城中保存着当年的大哨所。这道石垣中使用的最大石块重达 35 吨左右，在整个江户城中也堪称第一，垒石间的线条工整，"布积"造型优美。事实上，现在的石垣是在解体修缮原石垣的基础上，于平成十九年（2007 年）完成建造工程的。工作人员采用三维激光测量方式，先制作每块石头的立体模型，然后推定明历四年（1658 年）城郭初建时垒石间的线条造型，进行修复。

❷ 中之门石垣
照片 光成三生

❶巽橹

　　皇居东御苑曾是江户城本丸、二之丸所在地，现在保存着天守遗迹、二之丸庭园、同心哨所、百人哨所等，向普通民众开放

　　江户城巡游的起点是 JR 或者东京地铁丸之内线的东京站，从丸之内中央口开始，沿行幸大道前行，从皇居外苑，直奔二重桥前。这里能看见

许多外国游客的身影，他们想一览"皇室宫殿"的风采。只要从拍摄纪念照的地点看看石桥、二重桥、保存在西之丸的伏见橹，就能感受到江户城的深邃。放眼北面，从桔梗壕开始，向左能将巽橹、桔梗门、富士见橹一览无遗。

进入皇居的入口有三处，分别是大手门、平川门、北桔梗门。这次，我们沿内护城河大道前行，左边能看见皇居，从靠近东京地铁东西线竹桥站的平川门进入。渡过平川桥，穿过高丽门，就是斗形虎口，正面是带曲轮门，近前的左手方向就是渡橹门的平川门。穿过这里，绕过梅林坡等，前往天守台下方。当年有天守的时候，天守台高18米，现在的天守台大约10米，即便如此，依然威风凛凛。登上天守台，有一片向东南方向延伸的广场，这就是旧本丸御殿的遗址，曾是后宫和江户幕府将军处理政务的地方，现在竖着"松之大廊下遗迹"和"大奥遗迹"等石碑。在南边内里，能在近处欣赏方才在远处看到的富士见橹。

从天守台下行前往大手门方向，就能依次看见大哨所、修缮后的中之门遗迹等，穿过中之门往前，就是保存至今的哨所建筑群，有同心哨所、百人哨所等。而且，在二之丸遗迹上，还有根据江户时代庭园绘图复原的二之丸庭园，相传这是小堀远州建造的。

回到天守台遗迹，从其前端的北桔梗桥向外走。左拐向前，右侧就是春天时樱花烂漫的千鸟渊。当左边能看见半藏壕时，就左拐，沿着内护城河大道前行，半藏门的前方是樱田壕，在樱田门左拐，前方就是虎门。在东京地铁银座线的虎门站的地下，能看到外壕沟的石垣。然后再返回樱田门，穿过由斗形状高丽门和渡橹门组成的樱田门，前端就是最初看到的皇居外苑，就来到二重桥前广场。另外，这个樱田门也被叫作"外樱田门"，之前看见的桔梗门也被叫作"内樱田门"。

（光成三生）

二重桥广场。后面是❸二重桥壕
和二重桥，内里是伏见橹

❺平川门的渡橹门

❻梅林坂

❶巽橹和内里的❹富士见橹

❼天守台

❾"松之大廊下迹"石碑。竖立在原地
的西侧

从❼天守台看到的❽旧本丸遗迹

❿大哨所

⓫二之丸庭园

⓬樱田壕

江户城地图

日本武道馆
北之丸公园
东京国立
近代美术馆
千鸟渊
清水门
科学技术馆
竹桥门
⑤平川门
北桔桥门
梅林坂
❻二之丸庭园
❼天守台
西桔桥门
皇居东御苑
❿大哨所
同心哨所
半藏壕
❽日本丸
百人哨所
大手门
皇居
石碑
❷中之门
一桔梗壕
❾"松之大廊下迹"
坂下门
❹富士见橹
（桔梗门）
❶巽橹
半藏门
（内樱田门）
和田仓门
新宫殿
二重桥
东京站
伏见橹
一重桥壕
西之丸大手门
石桥
皇居外苑
马场先门
⓭外樱田门
内壕沟
樱田壕
虎门站
日比谷壕

虎门站的石垣

从现在新大谷酒店下方的弁庆壕开始往南，原来的外壕沟被填埋起来，原貌荡然无存，但在地铁虎门站的11号出口，露出约20米宽的部分石垣，像水族馆的水槽一般被公开展示，还附有解说板和建材花岗岩的标本等。石垣垒造技法是"打入接"，即用按规格粗制打磨的石块和"间石"（填入大石缝的小石块。——译者注）进行固定的技法。顺便提一句，负责这一处石垣建造工作的是佐伯藩的毛利家（现在的大分县佐伯市一带）。

⓭外樱田门。近前的是高丽门，其后方是渡橹门

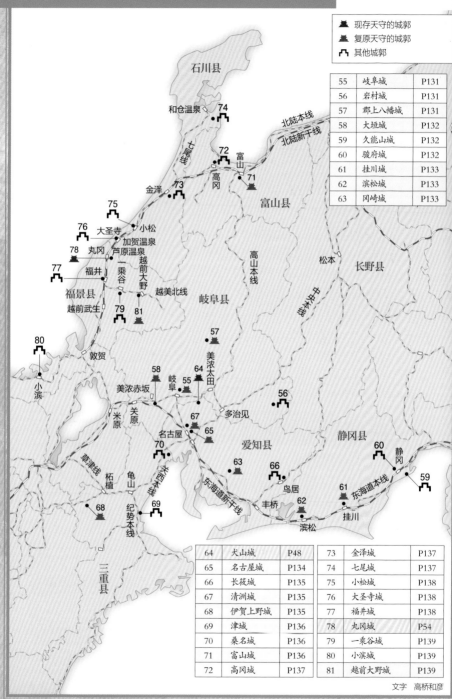

石川县

和仓温泉 74

七尾线

北陆本线
北陆新干线

富山
72 高冈 71

富山县

金泽 73

75 小松

76 大圣寺 加贺温泉
78 丸冈 芦原温泉 越前大野
77 福井 一乘谷 越前
越美北线
福景县
越前武生 79 81

高山本线

岐阜县

松本

长野县

中央本线

80 小滨

敦贺

57
美浓太田

58 岐阜 64
美浓赤坂 55
关原 67
米原 名古屋 65
70

多治见

56

静冈县

60 静冈

爱知县 63 66
鸟居 59
丰桥

草津线 柘植 龟山 68 纪势本线 69

61 东海道本线

62 挂川
滨松

关西本线

东海道新干线

三重县

文字 高桥和彦

55 岐阜城
道三、信长曾经居住过的大美之城

【数据】独立式·望楼型／三层四楼（1956 年复建）

别称	稻叶山城、金华山城、井口城
筑城年代	建仁元年（1201 年）
筑城者	二阶堂行政
主要改建者	斋藤道三、织田信长
构造／主要遗迹	山城／天守·橹（复）、石垣、壕沟
所在地	岐阜县岐阜市金华山天守阁
交通	从金华山索道金华山顶站徒步约 8 分钟（天守）

岐阜城仿建天守

【解说】该城位于海拔 329 米的金华山，往昔是镰仓幕府执事（官职名，主要负责诉讼、财政等事务。——译者注）的居城，被叫作"稻叶山城"。天文年间（1532—1555 年），进入该城的斋藤道三进行了扩建，永禄十年（1567 年），织田信长进行了大规模维修改建，城郭保存至今，地名也从"井口"改为"岐阜"。之后，德川家康把这里的天守和橹等迁移到加纳城，这里成为废城。从天守处可以远眺长良川、浓尾平原、日本阿尔卑斯山和伊势湾。

56 岩村城
紧盯伊那谷的据点

【解说】相传其前身是镰仓初期的地头（官职名，负责管理庄园。——译者注）加藤景廉的府邸。森氏遵照织田信长的命令，建造了这座保存至今的城郭，在海拔 720 米的山上设置本丸，随processing配置石垣，在山脚建造居馆。直至幕府末期前，这里是岩村藩主松平氏、丹羽氏的居城。残留在本丸遗迹陡斜面上的"六段壁"是总长 1.5 公里的多彩石垣群，保存状态良好，是看点之一。岩村城也被称作"日本三大山城之一"。

【数据】

别称	雾城
筑城年代	天正十年（1582 年）左右
筑城者	森长可
构造／主要遗迹	山城／石垣、石阶、水井、壕沟、门·橹（复）
所在地	岐阜县惠那郡岩村町
交通	从明知铁路岩村站徒步约 40 分钟（本丸）

57 郡上八幡城
石垣的威容和城下的风情

【数据】层塔型／四层五楼（1933 年仿建）

别称	积翠城、郡城
筑城年代	永禄二年（1559 年）
筑城者	远藤胜数
构造／主要遗迹	平山城／天守·橹·门·挡墙（复）、石垣
所在地	岐阜县郡上市八幡町
交通	从长良川铁路郡上八幡站坐公交到"城下町广场"站下车，徒步约 15 分钟

【解说】天正十六年（1588 年），城主稻叶贞通遵照丰臣秀吉的命令，对该城进行了大规模修缮和改建。关原之战后，经过初代郡上藩主远藤庆隆的多次修缮和改建，城郭保存至今。宝历八年（1758 年），藩主青山幸道把藩厅从本丸（海拔约 350 米）迁移到二之丸，城下也得到修缮。城郭的许多地方残留着石垣，尤其是"野面积"的天守台是看点之一。第二次世界大战前建造的木造天守等是仿制建筑。

大垣城

58 大垣城
关原之战的舞台之一

【数据】 复合式·层塔型／四层四楼（1959年外观复原）

别称	巨鹿城、麋城、东大寺城
筑城年代	天文四年（1535年）
筑城者	宫川安定
构造／主要遗迹	平城／天守·橹·门（复）、石垣
所在地	岐阜县大垣市郭町
交通	从JR大垣站徒步约7分钟

【解说】 大垣城因为石田三成在关原之战中将其作为据点之一而闻名。据说永禄年间（1558—1570年），斋藤道三的重臣氏家卜全在原美浓守护土岐一族的宫川氏建造的城郭基础上，修建了保存至今的城郭主体建筑，天正十八年（1590年），伊藤祐盛建造了天守等（说法不一）。在因战祸烧毁前，有一座四层四楼的厚墙天守，近年其外观被复原。

---

59 久能山城
根据遗言，改作为德川家康的灵庙

【数据】

别称	久能山东照宫、久能城、久能寺城
筑城年代	永禄十一年（1568年）左右
筑城者	武田信玄
构造／主要遗迹	山城／土垒、水井
所在地	静冈县静冈市骏河区根古屋
交通	乘坐日本平索道，在久能山站下车即到

【解说】 城址位于海拔216米的丘陵"久能山"上，这里临近日本平。永禄年间（1558—1570年），侵入骏河的武田信玄将山上原来的古刹久能寺迁至他处，就地建城。武田氏灭亡后，德川家康在这里设置城番（负责城防的官员。——译者注）。元和二年（1616年），家康离世，根据他的临终遗言，将其安葬在久能山上，该城成为废城。第二年，建造了祭祀德川家康的东照宫，保存至今。其中的正殿、石屋、拜殿是国宝。

---

60 骏府城
不逊江户城的规模巨大的隐居之城

【数据】

别称	静冈城、府中城、雾隐城
筑城年代	天正十七年（1589年）
筑城者	德川家康
构造／主要遗迹	平城／橹·门（复）、石垣、壕沟
所在地	静冈县静冈市葵区
交通	从JR静冈站徒步约10分钟

【解说】 天正十年（1582年），占领骏河的德川家康在自己曾做过人质的今川氏府邸所在地建城。之后，家康把将军一职让给秀忠，隐居骏河。庆长十二年（1607年），家康通过"天下普请"的方式，让人建造了一座全石垣结构的巨大城郭，里面有五层七楼的天守和三道壕沟。家康死后，这里很快成为幕府直辖地，设置了代理城主。据说筑城名人藤堂高虎负责了该城的总体规划。

挂川城的木造复原天守

61 挂川城

珍贵的遗留建筑"二之丸御殿"

【数据】 复合式·望楼型／三层四楼（1994年木造复原）

别称	悬川城、悬河城、云雾城、松尾城
筑城年代	文明年间（1469—1487年）
筑城者	朝比奈泰熙
主要改建者	山内一丰
构造／主要遗迹	平山城／天守·门（复）、二之丸御殿、太鼓橹、石垣、土垒、壕沟
所在地	静冈县挂川市挂川
交通	从JR挂川站徒步约7分钟

【解说】 室町时代中期，守护大名今川氏的重臣朝比奈泰熙建造该城。之后，丰臣政权下的城主山内一丰在天正十八年（1590年）进行了大规模改建，建造了三层天守和橹等。安政元年（1854年），原天守坍塌，现在的的天守是在想象原貌的基础上被木制重建的。另外，作为德川藩政时代的城郭御殿，书院结构的二之丸御殿（重要文化财产）是现存不多的珍贵遗留建筑。

62 滨松城

天守曲轮是"野面积"石垣

【数据】 望楼型／三层四楼（1958年仿建）

别称	曳马城、引马城、引间城、匹马城、出世城
筑城年代	元龟元年（1570年）
筑城者	德川家康
构造／主要遗迹	平山城／天守·门（复）、石垣、曲轮、壕沟
所在地	静冈县滨松市中区元城町
交通	从JR滨松站坐公交到"市役所前"站下车，徒步约6分钟

【解说】 德川家康在前往关东地区之前的十七年间，将这里作为大本营。在三方原战役中德川军被武田信玄军打得落花流水，该城也为人所知。残留在本丸曲轮及最高点天守处的"野面积"石垣群展现出战国时代的风貌。在藩政时期，谱代大名成为城主，其中许多人担任老中等江户幕府要职，因此这里也被称作"出世城"。其前身是今川氏的支城曳马城，二之丸附近残留有当时的土垒。

63 冈崎城

德川家康诞生之城

【数据】 复合连接式·望楼型／三层五楼（1959年复建）

别称	龙城、冈奇城
筑城年代	康正元年（1455年）左右
筑城者	西乡稠赖
构造／主要遗迹	平山城／天守·橹·门（复）、石垣、壕沟、水井
所在地	爱知县冈崎市康生町
交通	从名铁东冈崎站徒步约15分钟

【解说】 享禄四年（1531年），这里成为德川家康的祖父松平清康的居城，家康也出生于此。永禄三年（1560年），作为人质的家康从今川氏返回后，十年左右的时间，将这里作为自己的大本营，将据点迁到滨松城后，又让自己的嫡子信康管理该城。天正十八年（1590年），城主田中吉政将其整修为近代城郭。藩政时期，冈崎城被赞誉为"神君出生之城"，谱代大名成为城主。

64 犬山城 （参见第48、49页）

日本名城一览

北陆地区·东海地区

133

65 名古屋城

展示御三家威信的石垣

（御三家：德川一族中的尾张、纪伊、水户三家，亲藩中的最高位。——译者注）

大天守的外观复原天守

【解说】 前身是骏河国守护今川氏的支城"那古野城"。享禄五年（1532年）织田信长的父亲信秀赶走今川氏，将这里作为大本营，但信长将大本营迁到清洲城，天正十年（1582年）左右，那古野城成为废城。关原之战后的庆长十四年（1609年），德川家康为了准备和丰臣一方决战，决定将尾张国的大本营从清洲迁到名古屋。从第二年开始，根据德川第二代将军秀忠的

【数据】 连接式·层塔型／五层七楼（1959年外观复原）

别称	金鯱城、金城、金鳞城、蓬左城、杨柳城、柳城、龟尾城、鹤城、名城
筑城年代	庆长十四年至十七年（1609—1612年）
筑城者	德川家康
构造／主要遗迹	平城／天守（复）、橹、门、石垣、壕沟、庭园
所在地	爱知县名古屋市中区本丸
交通	从地铁"市役所站"徒步约5分钟

命令，开始用"天下普请"的方式建造新城。筑城时，进行了"清洲搬家"，即把清洲城建筑原封不动迁移过来。庆长十七年（1612年），巨大天守完工，总占地面积超过江户城和大阪城，作为基础的高约二十米的天守台石垣由筑城名家加藤清正所建。据说放置在天守屋顶的金鯱相当于一万八千两金币。在现存的本丸石垣上残留着显示参与施工大名的各类"刻文"。另外，本丸御殿中由狩野派绘制的隔扇画、天花板画、表二之门、西北角橹、东南角橹、西南角橹、原二之丸的东二之门都分别被制定为重要文化财产。据说东南角橹保留着城郭初建时的原貌，在鬼瓦上留着显示尾张德川家居城的葵纹。

本丸御殿中表书院的"竹林豹虎图"（右边为复原仿制）。左边为实物

刻在石垣上的"三佐内"文字。"三佐"是姬路藩主池田辉政的别称"三左卫门"。因为有"内"这个字，或许是让辉政家臣刻上去的

66 长筱城
惨烈"长筱战役"的舞台

【数据】

别称	末广城、扇城
筑城年代	永正五年（1508年）
筑城者	菅沼元成
构造/主要遗迹	平城/土垒、空壕
所在地	爱知县新城市长筱
交通	从JR长筱城站徒步约8分钟

【解说】城址位于丰川和宇连川汇合处的阶地上。这里因为天正三年（1575年）爆发的"长筱战役"而有名，武田军和织田、德川军在此一决雌雄，展开了首次真正意义上的火枪战。当时的城主奥平信昌后来成为德川家康的女婿，他率领五百士兵固守城郭，抗击武田胜赖的一万五千人的大军，等到三万人的信长军和八千人的德川军赶到救援后，击退了武田军。在附近的医王寺山上残留着胜赖的指挥所遗迹。

67 清洲城
因为"清洲搬家"而消失的巨大城郭

【数据】 独立式·望楼型/三层四楼（1989年仿建）

别称	清须城
筑城年代	应永十二年（1405年）
筑城者	斯波义重
主要改建者	织田信雄
构造/主要遗迹	平城/天守（复）、土垒、橹（迁移来的建筑）
所在地	爱知县清须市朝日城屋敷
交通	从JR清洲站徒步约15分钟

【解说】室町时代的守护斯波义重建造该城，将其作为大本营井津城的支城。之后，守护所迁到清洲，这里成为尾张地区的中心。弘治元年（1555年），织田信长进入城内，本能寺之变后，经过决定继承者的"清洲会议"，信长的次子信雄成为城主，将其改建为带有天守的巨大城郭。庆长十五年（1610年），因为德川家康把城郭、城下町整体搬迁到名古屋，即所谓的"清洲搬家"，这座城郭就消失了。

68 伊贺上野城
日本最高的本丸石垣

【数据】 连接式·层塔型/三层三楼（1935年仿建）

别称	白凤城
筑城年代	天正十三年（1585年）
筑城者	藤堂高虎
构造/主要遗迹	平山城/天守·门（复）、石垣、壕沟、仓库
所在地	三重县伊贺市上野丸之内
交通	从伊贺铁路上野市站徒步约5分钟

【解说】庆长十三年（1608年），根据德川家康的命令，被称作"筑城名家"的藤堂高虎代替曾受过丰臣恩惠的大名筒井定次，掌管伊贺、伊势、伊予地区，也成为这座城的城主。高虎对城郭进行了大规模的修缮和扩建，在本丸建造了号称日本最坚固的石垣，其高约三十米。据说加强城郭防御能力，是为了和以大阪城为中心的丰臣一方进行决战。天守虽是仿建，但木造的方格天花板非常漂亮。

伊贺上野城的仿建天守

69 津城
藤堂高虎建造的天守台

【数据】

别称	安浓津城
筑城年代	永禄年间（1558—1570 年）
筑城者	细野藤敦
主要改建者	藤堂高虎
构造 / 主要遗迹	平城 / 石垣、壕沟、角橹（复）
所在地	三重县津市九之内
交通	从近铁津新町站徒步约 15 分钟

【解说】 据说前身是长野氏一族的居城，规模不大，但织田信长的弟弟信包成为长野氏养子后，对其进行修缮扩建，天正八年（1580 年）完工。庆长十三年（1608 年），津藩主藤堂高虎进行了大规模改建，建造了很多三层橹和高石垣，还整修了城下的武士府邸、参拜街道、河流壕沟等。据说现存的带有"犬走"结构的本丸石垣和天守台石垣就是高虎重建的。

70 桑名城
防守东海道海路的城郭

【数据】

别称	扇城、旭城、九华城
筑城年代	庆长六年（1601 年）
筑城者	本多忠胜
构造 / 主要遗迹	平城 / 壕沟橹（复）、石垣
所在地	三重县桑名市吉之丸
交通	从 JR 桑名站徒步约 15 分钟

【解说】 据说其前身是战国时代伊藤武左卫门实房建造的府邸"东城"。庆长六年（1601 年），德川四天王之一的本多忠胜成为初代桑名藩主，大幅扩大城郭面积，建造了新城。同年，因为宫驿站到桑名驿站的海路被指定为东海道地区唯一海路，便在该城的二之丸设置了蟠龙橹，监视和外护城河相连的桑名港。现在，在七里渡遗迹的旁边复原了蟠龙橹。

71 富山城
河水充沛的"浮城"

【数据】 复合连接式·望楼型 / 三层四楼（1954 年仿建）

别称	浮城、安住城
筑城年代	天文十二年（1543 年）左右
筑城者	神保长职
主要改建者	前田利次
构造 / 主要遗迹	平城 / 天守（复）、石垣、壕沟
所在地	富山县富山市本丸
交通	从 JR 富山站徒步约 10 分钟

【解说】 因为其位于旧神通川边，四周被壕沟环绕，所以被称作"浮城"。据说其前身是越中代理守护神保长职在战国时代建造的城郭，后来前田利长（第二代加贺藩主）遵照丰臣秀吉的命令将其毁坏。从庆长十年（1605 年）起，利长就着手修缮、扩建新城，但被烧毁，初代富山藩主前田利次完成了城郭建设，保存至今。粗略打磨的"打入接"石垣和宽阔的内护城河是看点之一。

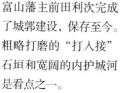

富山城仿建天守

72 高冈城
保留原貌的宽阔壕沟

【解说】庆长十四年（1609 年）富山城被烧毁后，从加贺藩主位置上退下来的前田利长就在这里建造新城，作为自己的隐居之城。据说加贺藩创始人利家的部将高山右近负责规划，他是信奉基督教的大名，也是筑城名家。整个城郭占地约 70000 坪（约 231265 平方米），其中 24000 坪（约 79290 平方米）是壕沟，挖出的泥土做成土垒，划分成五个曲轮。元和元年（1615 年），该城因为"一国一城令"而变成废城。

【数据】

别称	古御城、越中高冈城
筑城年代	庆长十四年（1609 年）
筑城者	前田利长
构造 / 主要遗迹	平城 / 壕沟、石垣、土垒、水井
所在地	富山县高冈市古城
交通	从 JR 高冈站徒步约 10 分钟

73 金泽城
不愧年俸一百万石的加贺藩主，城郭威风八面

【数据】

别称	尾山城、尾山御坊、金泽御坊
筑城年代	天正八年（1580 年）
筑城者	佐久间盛政
主要改建者	前田利家
构造 / 主要遗迹	平山城 / 三十间长屋、石川门、鹤丸仓库、橹、石垣、土垒、壕沟、菱橹 · 桥诘门 · 续橹 · 五十间长屋（复）
所在地	石川县金泽市丸之内
交通	从 JR 金泽站坐公交到"兼六园下"站下车，徒步约 5 分钟

【解说】天文十五年(1546 年)，本愿寺的"金泽御坊"创建于此。佐久间盛政遵照织田信长的命令，在原地建城。天正十一年（1583 年），前田利家进入城内，进行改建（据说高山右近负责规划），直至幕府末期以前，这里就一直是加贺藩前田家的居城。该城引以为傲的是石垣群，在日本全国也屈指可数，石垣种类繁多，有御殿周围的"书院石垣"，还有镜石、刻印石等。重要文化财产石川门重建于天明八年（1788 年）。

金泽城的石川门

74 七尾城
连谦信都感到棘手的固若金汤之城

【数据】

别称	松尾城、末尾城
筑城年代	约为正长年间（1428—1429 年）
筑城者	畠山氏
构造 / 主要遗迹	山城 / 石垣、土垒、空壕
所在地	石川县七尾市古屋敷町 · 古府町 · 竹町
交通	从 JR 七尾站坐公交到"城山里"站下车，徒步约 1 小时

【解说】城址位于石动山脉北端附近的松尾山上，从山上的本丸遗迹处能眺望七尾湾。这里曾是能登守护畠山氏的居城，天正五年（1577 年），上杉谦信花费了一年左右的时间才攻下这里。之后，前田利家进入七尾城，据说在他移居小丸山城(七尾市马出町)之前，一直把这里作为自己在能登地区的据点。据说城郭南北长约 2.5 公里，东西长约 0.8 公里，现存本丸和石垣等许多建筑。

小松城遗迹上的天守台

75 小松城
加贺藩主的巨大隐居所

【解说】 该城曾是一向宗起义（室町、战国时代，在北陆、近畿、东海等地区爆发的宗教起义。——译者注）的据点，柴田胜家遵照织田信长的命令攻陷此地后，因为"一国一城令"而变成废城。宽永十六年（1639年），第三代加贺藩主前田利常将其作为隐居之城而大规模修缮扩建，由此该城得以复活。由于各个曲轮被壕沟环绕，彼此之间用桥连接，所以被叫作"浮城"，据说其面积比金泽城大了一倍。直到幕府末期，这里都设有代理城主和城番。现存的天守台混用"切入接"和"打入接"石垣，造型优美。

【数据】

别称	芦城、浮城
筑城年代	宽永十六年（1639年）
筑城者	前田利常
构造/主要遗迹	平城/石垣、门（迁移来的建筑）
所在地	石川县小松市丸之内町
交通	从JR小松站徒步约20分钟

76 大圣寺城
成为"禁山"的城址

【解说】 城址位于锦城山（海拔约65米），庆长五年（1600年），城主山口宗永被前田利长打败，城郭陷落。因为"一国一城令"而变成废城后，这里成为"禁山"，禁止进入。宽永十六年（1639年），第三代加贺藩主前田利常给三子利治分封大圣寺藩的七万石俸禄，历代藩主都将建在山脚的公馆作为藩厅。在原大圣寺河边遗留着第三代藩主利直的别宅"长流亭"（日本重要文化财产）。

【数据】

别称	锦城
筑城年代	南北朝时代
筑城者	狩野氏
构造/主要遗迹	平山城/曲轮、土垒
所在地	石川县加贺市大圣寺锦町
交通	从JR大圣寺站徒步约25分钟

77 福井城
本丸的高石垣耸立在内壕沟上

【解说】 这是德川家康的次子结城秀康在柴田胜家的居城基础上进行大规模扩建而构筑的新城，相传由德川家康规划。据说全国大名都参与了城郭建造工作。这是一座巨大的城郭，有四层五楼天守和三重壕沟等。现存石垣所用材料都是带有美丽青绿色、产自足羽山的笏谷石，和江户城一样，这些笏谷石被分割成均等的小石块，通过"布积"和"切入接"等技法被垒积起来。第三代藩主松平忠昌将"北之庄"改名为"福居"。

【数据】

别称	葵城、新北之庄城、北之庄城、福居城
筑城年代	庆长六年至十一年（1601—1606年）
筑城者	结城秀康
构造/主要遗迹	平城/石垣、壕沟
所在地	福井县福井市大手
交通	从JR福井站徒步约5分钟

俯瞰视角的一乘谷城周边

78 丸冈城

（参见第 54、55 页）

79 一乘谷城

谷底的府邸和山上的"诘城"

（诘城是在险峻山顶修建的用来固守的城郭。——译者注）

【数据】

筑城年代	文明三年（1471 年）
筑城者	朝仓孝景
构造 / 主要遗迹	山城 / 武士府邸·石垣（复）、土垒、竖壕、庭园
所在地	福井县福井市城户之内町
交通	从 JR 一乘谷站徒步约 10 分钟（下城户遗迹）

【解说】 在被织田信长灭亡前，朝仓氏控制着越前地区，这里就是其五代人的居城。朝仓氏在三面环山的一乘谷河岸边建造府邸，形成"城下町"，把石垒的"城户"设置在城镇的出入口处，在山上修建"诘城"。在山上留存着竖壕和曲轮群等构造，在谷底留存着第五代城主义景的府邸遗迹和庭园等。城郭占地 2.78 平方千米，属于国家特别历史遗迹，其中 4205 平方米属于国家特别名胜。昔日街道布局也被复原。

80 小滨城

注视港湾的"海城"

【解说】 该城位于小滨湾的河口处，周围是入海的河流，被称作"海城"（也被称作"水城"）。关原之战后，从大津转封到此的京极高次着手建城，直到宽永十一年（1634 年），酒井忠胜成为藩主后才完工。

【数据】

别称	云滨城
筑城年代	庆长六年（1601 年）
筑城者	京极高次
构造 / 主要遗迹	海城 / 石垣
所在地	福井县小滨市城内
交通	从 JR 小滨站徒步约 20 分钟

以设置三层三楼天守的本丸为中心，南面是二之丸，东面是三之丸，西之丸、北之丸，设有三十座橹。现在，在本丸遗迹上也祭祀第一代藩主酒井忠胜。

81 越前大野城

粗陋石垣和复建天守

【数据】 连接式·望楼型 / 二层三楼（1968 年复建）

别称	龟山城、大野城
筑城年代	天正三年（1575 年）
筑城者	金森长近
构造 / 主要遗迹	平山城 / 天守·门（复）、石垣、壕沟
所在地	福井县大野市城町
交通	从 JR 越前大野站徒步约 30 分钟

【解说】 这是平定一向宗起义的金森长近遵照织田信长命令在海拔约 250 米的龟山上建造的城郭。天和二年（1682 年），老中土井利房接替越前松平氏，成为大野藩主，从那以后，直至幕府末期，这里就是土井氏的居城。据说现存本丸遗迹上的粗陋"野面积"石垣、石阶几乎还保存着长近筑城时的原貌，即便在战国时代的山城遗留构造中，这些也难得一见。

乐游城下町

往昔的"城下町""町人地"演变为今日的城区

在安土桃山时代，大名们让自己统治中心的城郭具有行政和经济机能，开创者就是织田信长。

建造安土城时，织田信长就构想真正的城下町由三部分构成，即让武士集中居住在安土山下的"侍町"、集聚商人的"町人町"和寺院神社集中的"寺社町"。而且，信长还在城中实施"乐市乐座"政策，致力于发展工商业。这就是之后"城下町"的原型。

这种城下町在江户时代得到很大发展，江户和大阪自不必说，全国各地大名藩国中的城下町蓬勃兴起，都是以城郭为中心进行配置，即城市布局。首先，在大名居住的御殿附近建造府邸，租借给地位和俸禄高的家臣，在其周围建造中级武士居住的宅邸，在外侧建造长屋，让地位更低的武士居住，在这种长屋中，同一兵种的武士集中居住，就形成了"足轻町"（足轻相当于普通步兵。——译者注）、"铁砲町"、"御徒町"（御徒指无资格参见藩主、不许骑马的下级武士。——译者注）。

这些建筑周围就是"町人地"，也就相当于今天的闹市区，最外侧建造坚固的土垒等。还会建造"寺社町"，将其作为紧急情况下的防御设施。这也就是寺院等增建石垣不在"武家诸法度"禁止之列。

现在，在全国各地保存下来的城下町中，能反映往昔原貌的多是武士宅邸，在一些地方，其被叫作"小京都"，这是因为战国大名对天皇所在的京都很憧憬。另外，过去也有很多城下町被叫作"小江户"。

(宫本治雄)

数据解说
【范例】　① 城名　② 主要城主　③ 所在地

❶近江八幡
① 八幡山城　② 丰臣秀次　③ 滋贺县近江八幡市

该城下町由从安土城下及附近城镇移居至此的人所建，也是近江商人的发祥地。一般而言，提及城下町，从防御的观点看，街道逶迤曲折，但致力于商业振兴的近江八幡把街道建造成纵横齐整的棋盘格状。八幡壕沟作为工商业的动脉，发挥了很大的运河作用，船只可以从琵琶湖直接驶入。

照片　朝日新闻社［第140—143页，有●标记（PIXTA图片网）的除外］

主要城下町地图

❹ 角馆

❺ 金泽

❻ 出石

❶ 近江八幡

❼ 津和野

❿ 萩

❷ 杵筑

❾ 沃肥

❽ 岛原

❸ 知览

❷杵筑
① 杵筑城　② 松平氏　③ 大分县杵筑市

这个城下町能远眺丰后水道，武士宅邸在南北台地上鳞次栉比，至今还向人们传递出江户余韵。商业街位于台地之间的谷地上。这个城下町因为有许多连接商业街和武士宅邸的坡道而有名，例如"醋屋"坡、"糖屋"坡等。

❸知览
① 萨摩藩御仮屋　② 佐多氏　③ 鹿儿岛县南九州市

萨摩藩会在领地内设置被称作"麓"的外城。其中之一的知览就是由知览岛津家第十八代家主岛津久峰建造的城下町。道路两侧是打磨齐整的石垣，上面围绕着罗汉松。宅邸中的庭园被指定为日本国家名胜。●

❹ 角馆
① 角馆城　② 芦名氏　③ 秋田县仙北市

隔着"伏火"广场，分为武士宅邸所在的"内町"和工商业者所在的"外町"。

❺ 金泽
① 金泽城　② 前田氏　③ 石川县金泽市

这是享受百万石俸禄的加贺藩主的城下町。在中级武士居住过的"长町"的武士宅邸遗迹上，残留着长屋门和土挡墙，这些会让人联想到当年的场景。

❻ 出石
① 出石城
② 小出氏、仙石氏
③ 兵库县丰冈市

这是"但马小京都"，保留着江户时代城下町的氛围。通知藩主家臣辰时（8点）登城的辰鼓楼是该城下町的象征。

小京都和小江户

　　具有与京都相似氛围的城下町被称作"小京都"。室町时代，全国的守护大名模仿京都风情和城市布局，加快城镇建设，以此为契机，城下町愈发热闹以至于被称作"小京都"。以被叫作"山之京"的大内氏的山口（山口县）为首，全国出现了许多"小京都"，"陆奥的小京都"角馆（秋田县）、"播磨的小京都"龙野（兵库县）、"山阴的小京都"津和野（岛根县）、"萨摩的小京都"知览（鹿儿岛县）等，所有这些地方也成为观光地。另外，埼玉县川越市、栃木县栃木市、千叶县佐原市（现在的香取市）、滋贺县彦根市等，因为像江户一样繁盛，所以被称作"小江户"。

（宫本治雄）

❼ 津和野
① 津和野城　② 吉见氏、坂崎氏、龟井氏
③ 岛根县津和野町

该城下町位于岛根县的山地中，很有人气。白灰泥，瓦楞墙，壕沟内清水潺潺、鲤鱼溪水，这个城下町的景致很美。

❽ 岛原
① 岛原城　② 松仓氏、高力氏　③ 长崎县岛原市

清流从设在道路中央的水道流过。在往昔"徒步"（下级武士。——译者注）宅邸所在的"下之丁"中还保留着当年生活用水的痕迹。●

❾沃肥
① 沃肥城
② 伊东氏
③ 宫崎县日南市

该城下町建在沃肥城以南，建在三面被酒谷川环绕的地区，现在还保留着武士宅邸、工商业者住宅和寺町。

❿萩
① 萩城
② 毛利氏
③ 山口县萩市

在这个呈现江户时代原貌的城下町中，除了武士宅邸和工商业者住宅外，那些幕府末期极力主张维新的名士，如高杉晋作、木户孝允、伊藤博文等人父母的家也在此地。●

弯成钩状直角的道路"键曲"●

菊屋家住宅（重要文化财产）●

松下村塾遗迹●

江湖屋胡同●

82	小谷城	P145	92	胜龙寺城	P148	102	姬路城	P19
83	观音寺城	P145	93	笠置山城	P149	103	筱山城	P152
84	长滨城	P145	94	千早城	P149	104	龙野城	P152
85	彦根城	P40	95	岸和田城	P149	105	大和郡山城	P152
86	安土城	P146	96	池田城	P150	106	高取城	P153
87	膳所城	P147	97	高槻城	P150	107	多闻城	P153
88	二条城	P147	98	上赤坂城	P150	108	和歌山城	P153
89	福知山城	P147	99	明石城	P151	109	大阪城	P154
90	伏见城	P148	100	赤穗城	P151			
91	田边城	P148	101	但马竹田城	P151			

🏯 现存天守的城郭
🏯 复原天守的城郭
🏰 其他城郭

文字　光成三生

144

82 小谷城

位于海拔 500 米上的南北
狭长山城

【数据】	
筑城年代	大永年间（1521—1528 年）
筑城者	浅井亮政
构造／主要遗迹	山城／曲轮、石垣、土垒
所在地	滋贺县长滨市湖北町伊部
交通	从 JR 河毛站徒步约 30 分钟

【解说】这座南北狭长的山城利用地形，建在海拔
500 米前后小谷山的山脊线上。据推定，这里曾有
两层天守。在元龟元年（1570 年）的姐川战役中，
浅井氏联合朝仓氏和织田军作战，虽侥幸生还，但天正元年（1573 年），在织田属下丰
臣军的攻击下，城郭陷落，浅井氏灭亡。占领该城的秀吉后来弃之不用，小谷城变为废城。

83 观音寺城

战国时代最大规模的城郭

【数据】	
别称	佐佐木城
筑城年代	不详
筑城者	可能是六角氏赖
主要改建者	佐佐木六角氏
构造／主要遗迹	山城／本丸、二之丸、曲轮、土垒、石垣、壕沟、门的遗迹等
所在地	滋贺县近江八幡市安土町石寺
交通	从 JR 安土站开车约 20 分钟

【解说】从《太平记》（记载军事情况的书籍，
主要描写南北朝内乱的情况。——译者注）中
得知，建武二年（1335 年），作为近江国守
护佐佐木六角氏的居城，这里存在过"观音寺
城"。在应仁、文明年间，这里被反复扩建、
改建，16 世纪前期拥有一千多个曲轮，成为战国时代最大规模的城郭。佐佐木六角氏
虽然在战国时代幸存下来，但在永禄十一年（1568 年）遭到信长的进攻，弃城而去，
这里也就成为废城。

84 长滨城

秀吉建造的第一座城郭

【数据】 望楼型／三楼五层（1983 年仿建）	
筑城年代	天正三年（1575 年）
筑城者	羽柴秀吉
构造／主要遗迹	平城／天守（复）、石垣、壕沟
所在地	滋贺县长滨市公园町
交通	从 JR 长滨站徒步约 5 分钟

【解说】天正三年（1575 年），因为攻打浅井氏有功，
秀吉首次成为城主，他将这里的地名改为长滨，
利用小谷城的建材，建造城郭。元和元年（1615 年），
伴随着彦根城的建造，这里成为废城。据说市内
真宗大谷派的大寺庙"大通寺"的厨房门就是长
滨城的正门搬迁过去的。虽然相关城郭资料没有
流传下来，但天正时期样式的天守得以复原。

长滨城

85 彦根城 （参见第 40—43 页）

正门入口处笔直延伸的石阶
照片　西谷恭弘（本页三幅）

86 安土城
信长建造的梦幻之城

【数据】

别称	安土山城
筑城年代	天正四年（1576 年）
筑城者	织田信长
构造 / 主要遗迹	山城 / 天守台、曲轮、石垣、壕沟
所在地	滋贺县近江八幡市安土町下丰浦
交通	从 JR 安土站徒步约 20 分钟

【解说】在天正三年（1575 年）的长筱战役中，织田信长打败武田胜赖，将领地向西扩大的同时，也把居城从岐阜迁到近江，天正四年（1576 年）决定在琵琶湖东侧的安土山建造城郭。第二年，他着手建设城下町，导入"乐市乐座"制。天正七年（1579 年）信长本人入城。这座望楼型城郭共六楼，拥有离地面四十多米、边边角角都极尽奢华的壮丽"天主"（只有安土城用这个词来表达"天守"的意思），从正门开始有一条长 180 米、宽 80 米的笔直大道，由此，有人认为信长当年曾构想让天皇行幸此地。天正十年（1582 年），信长在本能寺之变中丧命，不久这里就发生火灾，天正十三年（1585 年）成为废城。

安土山是一座面朝琵琶湖、呈半岛状凸出的独立丘陵，从西南麓到南麓有壕沟。由天守台和御殿构成的本丸位于安土山南部最高处，与其相连的是二之丸、三之丸，通向这些建筑的入口是斗形虎口构造的黑金门，这是用巨石群建造的大门，让外来者看到就会产生压迫感。另外，在这些建筑周围的山腰中配有部下的府邸和仓库群，南麓有大手门，东南麓有东门。从平成元年（1989 年）开始，滋贺县一直对这座城郭进行调查，现在又有许多新的发现。

木下藤吉郎（丰臣秀吉以前的名字）府邸遗迹

天守台遗迹

87 膳所城
利用琵琶湖建造的水城

【数据】	
别称	石鹿城、望湖城
筑城年代	庆长六年（1601年）
筑城者	德川家康
构造／主要遗迹	平城／城门
所在地	滋贺县大津市本丸町
交通	从京阪线膳所本町站徒步约7分钟

【解说】德川家康为了镇守东海道地区而建造该城，其和江户城、大阪城、名古屋城一样，都是"天下普请"之城，即江户幕府让各地大名分担资金、分工负责建造的城郭。在整个近世（在日本史中特指封建社会后期的安土桃山、江户时代。——译者注）时期都被用作谱代大名的居城。明治三年（1870年）被解体，现在变成凸出到湖面上的公园。三座城门（重要文化财产）被分别迁移到市内的另外三处，留存至今。

88 二条城
尽显德川荣华的世界遗产之城

【数据】	
筑城年代	庆长八年（1603年）
筑城者	德川家康
主要改建者	德川家光
构造／主要遗迹	平城／本丸御殿、二之丸御殿、东大手门、北大手门、东南角橹、二之丸庭园等
所在地	京都府京都市中京区二条通堀川西入二条城町
交通	从地铁"二条城前"站下车即到

【解说】庆长六年（1601年），德川家康决定在此建城，作为自己进京时的居所，庆长八年（1603年）落成。宽永三年（1626年），该城迎来鼎盛时期，家光为了迎接后水尾天皇行幸此地，建造了本丸御殿等建筑。二之丸御殿的面积为3300平方米，有33个房间，可以铺800多张榻榻米。在幕府末期，这里也成为第十五代将军庆喜办理公务，实施"大政奉还"的舞台。

二条城的二之丸御殿

89 福知山城
利用天然石建造的石垣

【数据】 复合连接式·望楼型／三层四楼（1985年外观复原）	
别称	横山城、卧龙城、八幡城、福智山城、掻上城
筑城年代	天正七年（1579年）
筑城者	明智光秀
主要改建者	有马丰氏
构造／主要遗迹	平山城／大天守·小天守·钓钟门（复）、哨所、石垣
所在地	京都府福知山市内记
交通	从JR福知山站徒步约15分钟

【解说】战国时代，小笠原氏的后裔建造该城，天正七年（1579年），平定丹后地区的明智光秀将其改建为近世城郭，改名为福知山城。石垣由天然石建造而成，采用了"野面积""乱石积""穴太积"等技法。后来，丰臣秀吉的家臣小野木重胜成为城主，在关原之战中，曾攻打过占据田边城的东军大名细川藤孝（幽斋）。

从伏见城遗址出土的巽橹和监
控橹的台基石垣

照片 西谷恭弘

90 伏见城
秀吉极尽奢华

【解说】 文禄元年（1592 年），该城作为丰臣秀吉隐居后的居城始建于伏见指月（指月山伏见城），但因为地震而坍塌，后重建于木幡山（木幡山伏见城），但之后因为石田三成军的攻打而烧毁。庆

【数据】 复合式·望楼型／五层六楼（1964 年仿建）

别称	桃山城、桃山伏见城、指月城、木幡山城
筑城年代	文禄元年（1592 年）
筑城者	丰臣秀吉
主要改建者	德川家康
构造／主要遗迹	平城／大天守·小天守（复）、石垣、壕沟
所在地	京都府京都市伏见区桃山町
交通	从 JR 桃山站徒步约 12 分钟

长七年（1602 年）左右，德川家康重建该城，但元和五年（1619 年）便弃之不用。后来，城郭的一部分成为伏见桃山陵园，在城外游乐场新仿建了五层六楼的大天守。

91 田边城
因关原之战的前哨站而闻名

【解说】 细川藤孝（幽斋）建造该城，将其作为统治丹后地区的居城，后来交给儿子忠兴。忠兴拒绝了石田三成让其加入西军的劝诱并加入东军，由此田边城遭到西军的猛烈攻击（田边战役）。经过长期作战，就要支撑不住时，在后阳成天皇的调解下，石田三成解除包围，忠兴得以脱逃。之后，城主历经京极氏，直到宽文八年（1668 年）换作牧野氏后才稳定下来。

【数据】

别称	舞鹤城
筑城年代	天正八年（1580 年）
筑城者	细川藤孝
主要改建者	牧野氏
构造／主要遗迹	平城／天守台、庭园、橹（复）、石垣、壕沟等
所在地	京都府舞鹤市南田边
交通	从 JR 西舞鹤站徒步约 5 分钟

92 胜龙寺城
阿玉传说之城

【解说】 一般认为，该城在南北朝时代初期由北朝一方的细川赖春建造。该城位于西国街道和久我路汇合的交通要道上，主城郭东西长 120 米，南北长 80 米，周围被曲轮环绕。战国末期，三好长庆的家臣岩成友通在胜龙寺城迎击信长军，最后举手投降。据说

【数据】

别称	小龙寺城
筑城年代	延元四年·历应二年（1339 年）
筑城者	细川赖春
主要改建者	细川藤孝
构造／主要遗迹	平城／壕沟、土垒、橹（仿建橹）
所在地	京都府长冈京市胜龙寺
交通	从 JR 长冈京站徒步约 10 分钟

后来，城主细川藤孝的儿子忠兴和明智光秀的女儿阿玉在这里度过了新婚时光。

93 笠置山城
举兵讨幕的后醍醐天皇的行宫

【解说】 试图讨伐镰仓幕府的后醍醐天皇将盛行山岳信仰的笠置寺一带作为据点固守，平整笠置山及其山脊，建造曲轮，设置行宫。虽然他率领部下和幕府大军苦战，但力不能及，最后被流放到隐岐（元弘之变）。战国时代的天文年间（1532—1555 年），这里被河内森山城城主木泽长政占用。

【数据】

别称	笠置城
筑城年代	元德三年（1331 年）
筑城者	后醍醐天皇
构造 / 主要遗迹	山城 / 石垣、土垒
所在地	京都府笠置町笠置
交通	从 JR 笠置站徒步约 45 分钟

94 千早城
因为楠木正成的战斗而闻名

【解说】 楠木正成之前建造了下赤坂城和上赤坂城，分别将其作为前哨城和主城，又于元弘二年·正庆元年（1332 年）在金刚山山腰修建了千早城要塞，将其作为固守待援之城。城内最高处海拔 673 米，相对海拔 175 米。在赤坂战役中，楠木利用高度差，运用各种奇策，将镰仓幕府大军玩弄于股掌之间，这里作为该战役的舞台而闻名天下。随着南北朝时代的结束，这里也成为废城。

【数据】

别称	楠木诘城、金刚山城、千早诘城
筑城年代	元弘二年·正庆元年（1332 年）
筑城者	楠木正成
主要改建者	不明
构造 / 主要遗迹	山城 / 曲轮、壕沟
所在地	大阪府千早赤坂村千早
交通	从南海线或近铁线的河内长野站坐公交到"金刚登山口"站下车

95 岸和田城
往昔的本丸中有五层天守

【解说】 相传南北朝时代，楠木正成一族的和田高家建造该城。天正十三年（1585 年），丰臣秀吉的伯父小出秀政成为城主，对该城进行了修缮。小出氏被转封后，松平康重入城，整修了城下町。宽永十七年（1640 年）之后，直到明治维新前，冈部氏将这里作为岸和田藩的藩厅。据说这里的本丸中原有五层天守，文政十年（1827 年）被烧毁了。

【数据】  连接式·层塔型／三层三楼（1954 年复建）

别称	岸之城、岸之和田城、滕城、蛰龟利城、千龟利城
筑城年代	建武元年（1334 年）左右
筑城者	和田高家
主要改建者	三好义贤、小出宣政、冈部宣胜
构造 / 主要遗迹	平城 / 天守（复）、石垣、壕沟
所在地	大阪府岸和田市岸城町
交通	从南海蛸地藏站徒步约 7 分钟

岸和田城的复建天守

96 池田城
在高台和山脊上建造壕沟和土垒

【解说】从室町时代到战国时代，这里是地方豪
族池田氏的居城，他统治着现在池田市周围的地
区。在海拔50米的高台和山脊上建造了壕沟和
土垒等。该城历经多次战乱，不断沦陷和重建，
规模也不断扩大。战国末期，该城被池田氏家臣出身的荒木村重所控制，但荒木很快就
被织田信长赶走，天正八年（1580年）以后，这里成为信长攻击敌方的阵前之城。

【数据】	
筑城年代	南北朝时代（14世纪前半叶）
筑城者	池田氏
主要改建者	不详
构造/主要遗迹	平山城/橹台·门（复）、壕沟、土垒、挡墙（复）
所在地	大阪府池田市城山町
交通	从阪急线池田站徒步约15分钟

---

97 高槻城
基督教徒高山右近的城郭

【解说】16世纪中叶，三好长庆的家臣入江氏成为
城主。之后，历经变迁，天正元年（1573年）信
奉基督教的大名高山右近进入城内并实施了修缮工
程。天正十三年（1585年），右近离开此城，江户
时期，这里被修建为近
世城郭，17世纪中叶后，
永井氏成为城主。据说
在右近时代的天正十一
年（1583年），高槻地
区60%以上的人都信奉
基督教。

【数据】	
别称	久米路山龙城、入江城
筑城年代	可能是10世纪末
筑城者	可能是近藤忠范
主要改建者	高山右近
构造/主要遗迹	平城/壕沟、城门、石垣·天守台（复）
所在地	大阪府高槻市城内町
交通	从JR高槻站徒步约10分钟

在城郭遗迹上新建的石垣（不
是特定城郭）

---

98 上赤坂城
保存着战国时代的横向壕沟和曲轮

【解说】镰仓时代末期，楠木正成建造该城。
在元弘元年（1331年）的"元弘之变"中，
这里是主要战场。第二年，正成再度举兵后，
因为下赤坂城陷落，这里成为楠木氏的主城。
第三年，上赤坂城陷落，正成转移到千早城，继续抗战。该城和周边的支城组成了赤坂
城要塞群。现在还保存着被认为是战国时代建造的壕沟和曲轮。

【数据】	
别称	楠木城、小根田城、桐山城
筑城年代	镰仓时代末期（14世纪前半叶）
筑城者	楠木正成
构造/主要遗迹	山城/曲轮、壕沟、护城河
所在地	大阪府千早赤坂村桐山
交通	从近铁线富田林站坐公交到"森屋"站下车，徒步约40分钟

留存在明石城本丸中的坤橹
（左）和巽橹（右）

99 明石城 🏯 🗾

现存两座三层橹

【解说】元和三年（1617 年），转封明石的谱代大名小笠原忠真遵照德川秀忠的命令，建造该城，将其作为享受十万石年俸的小笠原氏的居城。在适合威慑日本西部地区的明石丘陵前端，建造了连郭式平山城，施工中使用了三木城等附近废城中的建材。有天守台，但没有建造天守，本丸四角建造了三层橹，其中两座保存至今。

【数据】

别称	喜春城、锦江城
筑城年代	元和五年（1619 年）
筑城者	小笠原忠真
主要改建者	松平直常
构造／主要遗迹	平山城／天守台、橹、橹门、石垣、壕沟
所在地	兵库县明石市明石公园
交通	从 JR 明石站徒步约 5 分钟

100 赤穗城 🗾

兵法家山鹿素行对城郭规划提出建议

【解说】17 世纪中叶，转封此地的浅野氏建造了这座近世城郭，甲州流兵法家近藤正纯负责城郭规划，著名兵法家山鹿素行提出了建议。整座城郭曲折绕转，石垣上也没有防守死角。元禄十四年（1701 年），藩主浅野长矩在江户城卷入持刀伤人案件，浅野藩被撤销，但城郭作为藩厅被保存下来。

【数据】

别称	加里屋城、大鹰城
筑城年代	庆安元年（1648 年）
筑城者	浅野长直
主要改建者	浅野长直
构造／主要遗迹	平城／本丸御殿地基・橹・橹门（复）、石垣、壕沟
所在地	兵库县赤穗市上仮屋
交通	从 JR 播州赤穗站徒步约 15 分钟

101 但马竹田城 🗾

山顶附近的美丽石垣

【解说】山名宗全在古城山顶附近让人建造山城，将其作为出石此隅山城的支城，这就是但马竹田城的起源。近年来，留存在海拔 354 米山顶附近的美丽石垣被称作"日本的马丘比丘"，很受欢迎。从初代城主太田垣光景开始，历经七代，太田垣氏是这里的城主。现在遗留下来的建筑据推测是赤松广秀在文禄・庆长年间（1592—1615 年）建造的。

【数据】

别称	天空之城、虎卧城、安井之城
筑城年代	嘉吉年间（1441—1444 年）
筑城者	山名宗全
主要改建者	羽柴秀长、赤松广秀
构造／主要遗迹	山城／石垣、壕沟
所在地	兵库县朝来市和田山町竹田
交通	从 JR 竹田站徒步约 60 分钟

102 | 姬路城 (参见第19—37页)

103 | 筱山城
德川建城以包围丰臣氏

【数据】

别称	桐城
筑城年代	庆长十四年（1609年）
筑城者	德川家康
构造/主要遗迹	平山城／二之丸御殿大书院（复）、石垣、壕沟
所在地	兵库县筱山市北新町
交通	从JR筱山口站坐公交到"二阶町"站下车，徒步约10分钟

【解说】德川家康将丹波国八上城赐封给松平康重后，让其建造该城。筱山城也是"天下普请"之城，藤堂高虎负责城郭规划，池田辉政是建城总指挥，各地大名分工建造。该城处于筱山盆地中央的丘陵地带，建城目的在于控制通往日本西部地区的交通要冲，以备和丰臣氏进行最后决战。之后，筱山城作为松平氏三家八代、青山家六代的居城，一直存续到明治维新前。

104 | 龙野城
东门和大手门现存于附近寺院中

【数据】

别称	霞城
筑城年代	明应八年（1499年）
筑城者	赤松村秀
主要改建者	胁坂安政
构造/主要遗迹	平山城／本丸御殿、墙・橹・门（复）
所在地	兵库县龙野市龙野町上霞城
交通	从JR本龙野站徒步约20分钟

【解说】明应八年（1499年），赤松村秀在龙野建造了鸡笼山城，这就是龙野城的起源。万治元年（1658年），京极高和转封丸龟时，龙野城遭到破坏。宽文十二年（1672年），胁坂安政重建龙野城，当时，山顶的曲轮被放弃，只保留山脚的府邸。根据废城令，明治六年（1873年），龙野城遭到破坏，但东门和大手门被搬迁到附近的寺院中，保留至今。

105 | 大和郡山城
秀吉的弟弟秀长修缮的城郭

【数据】

别称	雁阵之城
筑城年代	天正八年（1580年）
筑城者	筒井顺庆
主要改建者	丰臣秀长
构造/主要遗迹	平山城／追手向橹・东橹・追手门（复）、石垣、壕沟
所在地	奈良县大和郡山市城内町
交通	从近铁线郡山站徒步约7分钟

【解说】战国时代末期，统一大和国的筒井顺庆于天正八年（1580年）进入城内，对这座由郡山当地豪族建造的要塞进行了改建。之后，天正十三年

大和郡山城的追手门和东橹（共同复建）

（1585年），成为大和・纪伊・和泉三国领主的丰臣秀长进入城内，实施了扩建工程。之后也进行了多次扩建修缮，江户时期，这里一直由谱代大名掌管。明治六年（1873年）被拆毁。

106 高取城
往昔有大天守和三重橹的巨大城郭

【数据】	
别称	高取山城、芙蓉城、鹰取城
筑城年代	元弘二年（1332年）
筑城者	越智邦澄
主要改建者	本多氏、植村氏
构造/主要遗迹	山城/石垣
所在地	奈良县高取町高取
交通	从近铁线壶阪山站坐公交到"壶阪寺前"站下车，徒步约40分钟

【解说】这座山城建造在海拔583米、相对海拔350米的高取山上。据说南北朝时代，南朝一方的武将越智邦澄建造的城郭是高取城的前身。战国时代，这里被当作军事据点。天正十三年（1585年），胁坂安治（丰臣秀吉的家臣）入城，之后，本多利久重新规划该城，将其建造成带有大天守和三重橹的巨大城郭。江户时代，本多氏、植村氏将其修缮成近世城郭。

107 多闻城
松永久秀建造的山城

【数据】	
别称	多闻山城
筑城年代	永禄三年（1560年）
筑城者	松永久秀
构造/主要遗迹	平山城/土垒、壕沟
所在地	奈良县奈良市法莲町
交通	从近铁线奈良站徒步约20分钟

【解说】从三好长庆家臣起家的松永久秀于永禄三年（1560年）在奈良市区北侧海拔30米的山丘上建造了多闻山城，将其作为统治大和地区的据点。因为城里曾祭祀过"多闻天"，所以被称作多闻城。天正元年（1573年），久秀把多闻城让给信长，退回到信贵山城。天正十四年（1586年），这里成为废城，建材被转用到大和郡山城和筒井城。

108 和歌山城
天守曲轮位于海拔49米处

【数据】 连立式·层塔型/三层三楼（1958年外观复原）	
别称	虎伏城、竹垣城
筑城年代	天正十三年（1585年）
筑城者	丰臣秀吉
主要改建者	纪州德川家
构造/主要遗迹	平山城/天守·大手门·庭园（复）、石垣、壕沟、门
所在地	和歌山县和歌山市一番丁
交通	从JR和歌山站坐公交到"公园前"站下车，徒步即到

和歌山城天守曲轮（后方）
和歌山城廊下桥（近前）

【解说】天正十三年（1585年），平定纪州的丰臣秀吉开始建城并亲自规划，将其作为弟弟秀长的居城。藤堂高虎负责工程指挥。元和五年（1619年），家康的第十子赖宣入城，成为纪州德川家的第一代。连立式天守曲轮位于海拔49米处，占地面积约2640平方米，由大天守、小天守、乾橹、二之门橹等构成。这是一座展示御三家威容的巨大城郭。

巡游大阪城

虽然大阪城曾是丰臣政权的大本营，但现在遗留的建筑都是德川氏建造

　　要想毫无遗漏地参观大阪城，最好从 JR 大阪城公园或地铁谷町四丁木站出站。走出谷町四丁木站，沿"本町通"大道朝大阪城方向走，有大阪政府大楼和大阪府警察总部。在建造大阪府警察总部时，出土了"堀窗"（参照 94 页）。大阪历史博物馆耸立在大阪府警察本部的反方向上，从该馆最上层眺望室能把大阪城公园一览无遗，大手门位于其正下方，请一定要进馆看看，同时可预习一下有关大阪和大阪城历史的知识。

　　让我们从大手门进入大阪城遗址。大手门旁边有一个叫作"千贯櫓"的大型二层櫓，在织田信长建城时，这座櫓业已存在，本能寺之变时，明智光秀的女婿织田信澄在这里战死。

　　沿着大手门内朝北一直走，是西之丸和地窖曲轮，那里留存着火药仓库和乾櫓。在大手门右拐，就是二之丸，留存着一番櫓和六番櫓。一番櫓东侧有"玉造口"，那里留存着部分斗形虎口的石垣。从玉造口不进入本丸，朝着梅林方向走，有石山本愿寺遗迹的石碑，其北侧就是市正曲轮。

照片　西谷恭弘（第154—157页全部）

❶从大手口土桥处看到的千贯橹（左）和大手门渡橹（右）

❸乾橹

❺六番橹

❷火药库

❹一番橹

❻石山本愿寺遗迹上的石碑

渡过土桥，从樱门进入本丸。樱门斗形石垣处坐落着一块日本最大的章鱼石，重达 130 吨，可以铺 36 张榻榻米。

在本丸内的天守台石垣前方有一个盖着盖子的圆井状的设施。昭和三十四年（1959 年），在地下 7 米处发现了织田信长时代或丰臣秀吉时代的石垣，这是当时用于调查的人孔井。目前，在本丸东侧、残留下的金库入口的前方，相关人员正在重新发掘秀吉时代的石垣。天守台石垣上的南侧残留着金明水井和住所。

另外，天守阁东北，贮水池后方的本丸石垣斜高 34.62 米（垂直高度 32 米），是日本最高的石垣。从天守台向南下到山里曲轮，在本丸石垣下方有记载丰臣秀赖和淀夫人自杀成仁的石碑。在山里曲轮中，有丰臣秀吉为了品茶而建的茶室庭园和雅屋（为茶道而专门建造的茶室。——译者注）。

山里曲轮北边的极乐桥是一座廊下桥，在丰臣时代被装饰得奢华无比，其唐门现在被迁移到琵琶湖的竹生岛宝严寺，被指定为国宝。渡过极乐桥右转就是青屋口门，一直朝左走就是京桥口的斗形虎口。在京桥口处坐落着一块巨大的肥后石，可以铺 32.8 张榻榻米。从京桥口渡过外护城河，就是追手门学院，在该学院小学的地下以及学院后方的大阪府女性综合中心中保存着丰臣时代的石垣。沿着外护城河向东，再向南，环绕一圈，就能理解大阪城石垣和壕沟的壮观程度。

109 大阪城

【数据】 独立式·望楼型／五层八楼（1931 年复建）

别称	金城、锦城
筑城年代	天正十一年（1583 年）
筑城者	丰臣秀吉
主要改建者	德川秀忠
构造／主要遗迹	平山城／天守（复）、千贯橹·乾橹·一番橹·六番橹·火药库、门、石垣、土垒
所在地	大阪府大阪市中央区
交通	从 JR 大阪城公园站徒步约 15 分钟

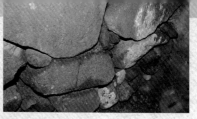

❽在地下一米处出土的丰臣秀吉时代的石垣

❿金明水井

⓫日本最高的石垣

❾金库

❼章鱼石

⑫丰臣秀赖和淀夫人等人自杀地的石碑

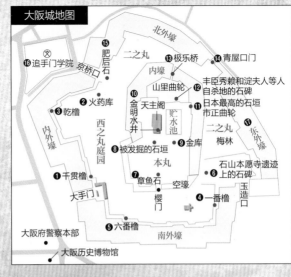

大阪城地图

北外壕

⑮肥后石
二之丸
⑯追手门学院
⑬极乐桥
京桥口
⑭青屋口门
内壕
内壕
山里曲轮
⑫丰臣秀赖和淀夫人等人自杀地的石碑
⑩火药库
⑩金明水井
天主阁
⑪日本最高的石垣
乾橹
西之丸庭园
贮水池
市正曲轮
内外壕
⑨金库
二之丸
梅林
乐外壕
⑰
⑧被发掘的石垣
本丸
石山本愿寺遗迹上的石碑
⑦章鱼石
空壕
⑥
玉造口
①千贯橹
樱门
大手门
①一番橹
大阪府警察本部
⑤六番橹
南外壕
大阪历史博物馆

⑬极乐桥

⑮肥后石

⑯保存在追手门学院地下的丰臣时代的石垣

⑰大阪城公园东侧的外护城河和石垣

⑭青屋口门

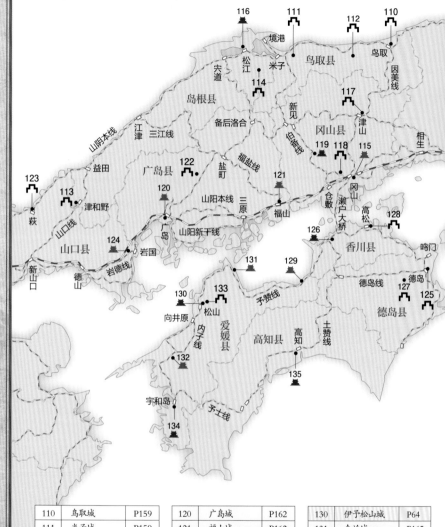

有现存天守的城郭
有复原天守的城郭
其他城郭

文字 光成三生

鸟取城遗迹

110 鸟取城

因为秀吉的断敌粮道的战法而有名

【解说】 鸟取城的本丸位于现在鸟取市的久松山（海拔264米）山顶，二之丸、三之丸等近世城郭位于山脚。天正八年（1580年）和第二年，秀吉在这里两度采用断敌粮道的战法，鸟取城也因此而为人所知。在城郭遗址处矗立着吉川经家的铜像，他是天正九年（1581年）的城主，承担战败之责而自杀。江户时代，这里成为享用三十二万五千石年俸的池田氏的居城。

【数据】

别称	久松山城
筑城年代	天文年间（1532—1555年）
筑城者	山名诚通
主要改建者	宫部继润、池田长吉、池田光政
构造／主要遗迹	山城·平山城／天守台、石垣、水井、橹台、水壕等
所在地	鸟取县鸟取市东町
交通	从JR鸟取站坐公交到"西町"站下车，徒步约5分钟

111 米子城

控制西伯耆地区的据点

【解说】 这是战国末期至近世初叶的平山城，建造在海拔约90米的凑山和海拔约60米的饭山上。天正十九年（1591年），吉川广家开始建城，庆长七年（1602年），中村一忠完成建城，元和三年（1617年）被编入鸟取藩，成为家老管理的支城。本丸位于凑山山顶，往下依次是内膳丸、二之丸、外斗形虎口等。另外，这里曾有一座独立式望楼型的大天守，四层五楼。

【数据】

别称	久米城、凑山金城
筑城年代	庆长七年（1602年）左右
筑城者	吉川广家、中村一忠
构造／主要遗迹	平山城／石垣
所在地	鸟取县米子市久米町
交通	从JR米子站徒步约10分钟

112 羽衣石城

印刻着攻防历史的城郭

【解说】 这是东伯耆地区的豪族南条氏的居城，是鸟取县内规模最大的山城。从战国时代到安土桃山时代，该城是控制东伯耆地区的中心，尼子氏和毛利氏在此来回攻防。多数曲轮建造在海拔372米的天然要冲羽衣石山上，通过石垣能看到中世城郭向近世城郭演变的痕迹。该城周围有附属小城群。

【数据】

筑城年代	贞治五年（1366年）
筑城者	南条贞宗
构造／主要遗迹	山城／石垣、水井、天守（复）
所在地	鸟取县汤梨滨町羽衣石
交通	从JR松崎站开车约15分钟

113 津和野城
从镰仓时代到战国时代的山城

【解说】从镰仓幕府起，被任命为地头来此赴任的吉见赖行着手建，在海拔367米的灵龟山上建造了小曲轮相连的山城。之后，该城被吉见氏十四代人相传，关原之战后，进入津和野地区的坂崎直盛将其改造为带有三层天守和宽大石垣的近世城郭，并同时建造了城下町的雏形。近世，龟井氏成为城主，在山脚下设置了藩厅。

【数据】

别称	一本松城、三本松城、石蕗城
筑城年代	永仁三年（1295年）
筑城者	吉见赖行
主要改建者	坂崎直盛
构造/主要遗迹	山城／橹、石垣、壕沟、马场先橹、多闻橹
所在地	岛根县津和野町后田
交通	从JR津和野站徒步约20分钟，换乘津和野町城址观光索道车约5分钟

114 月山富田城
毛利氏手下败将尼子氏的据点

【解说】这是一座典型的山城，本丸位于月山（海拔192米）上。大永元年（1521年）左右，尼子氏迎来鼎盛期，将山阳十一国纳入治下，14世纪末，出云尼子氏第一代持久进入这一地区，从那时起，该城就是其据点。永禄九年（1566年），尼子氏被毛利氏打败，此后城主频繁更换。庆长十六年（1611年），城主堀尾忠晴迁到松江城，这里就成为废城。

【数据】

别称	月山城、富田月山城
筑城年代	室町时代
筑城者	不详
构造/主要遗迹	山城／石垣、壕沟、石板路
所在地	岛根县安来市广濑町富田
交通	从JR安来站坐公交到"市立医院前"站下车，徒步约10分钟

115 冈山城
附设名胜后乐园

【解说】天正元年（1573年），宇喜多直家着手建城，其儿子秀家接手后，于庆长二年（1597年）完成天守的建造。之后，小早川秀秋、近世城主池田氏等扩建修缮此城。这是梯郭式城郭，以东北角的本丸为中心，三之丸、三之曲轮、三之外曲轮向西南方向扩展。从贞享四年（1687年）起，池田纲政开始建造后花园（之后的后乐园）。

【数据】复合式·望楼型／五层六楼（1966年外观复原）

别称	乌城
筑城年代	庆长二年（1597年）
筑城者	宇喜多秀家
主要改建者	小早川秀秋
构造/主要遗迹	平城／天守·门（复）、橹、石垣、壕沟
所在地	冈山县冈山市北区丸之内
交通	从JR冈山站坐公交到"县厅前"站下车，徒步约10分钟

冈山城的外观复原天守

津山城备中橹
（重建）

116 松江城（参见第56—59页）

117 津山城

矗立着四层五楼天守的巨大城郭

【解说】庆长八年（1603年），受封美作国领土的森忠政选定此城，将其作为统治属国的据点，花费13年时间进行整修。本丸在鹤山最高处，二之丸、三之丸位于山腰，山脚处被打造成总曲轮结构，在其外侧设置城下町的主要建筑。鼎盛时期，这是一座屈指可数的巨大城郭，有四层五楼的独立式层塔型天守，包括外郭在内排列着77座橹。

【数据】

别称	鹤山城
筑城年代	元和二年（1616年）
筑城者	森忠政
构造/主要遗迹	平山城/石垣、橹（复）
所在地	冈山县津山市山下
交通	从JR津山站徒步约15分钟

118 备中高松城

秀吉"大返回"的舞台

【数据】

别称	高松城
筑城年代	16世纪中叶
筑城者	石川久式
主要改建者	不详
构造/主要遗迹	平城/用于水攻的部分堰堤、部分石垒
所在地	冈山县冈山市北区高松
交通	从JR高松站徒步约10分钟

【解说】永禄年间（1558—1570年），备中松山城主三村氏的重臣石川久式建造了这座没有石垣的平城。这里相当于从备前到松山的松山大道沿线的要冲。天正十年（1582年），秀吉接受黑田官兵卫的建议，水攻备中高松城，但听闻本能寺之变的紧急通报后，迅速和城内的敌方达成和解，率领大军返回京都。因为"一国一城令"，这里成为废城。

119 备中松山城

（参见第60、61页）

广岛城的外观复原天守

120 广岛城
代表近世初叶城郭的大城郭

【解说】天正十七年（1589 年），从吉田郡山城迁来的毛利辉元首先在此着手建城，庆长四年（1599 年）完成建城。关原之战后，历经福岛正则，元和五年（1619年），浅野长晟成为领主。该城位于太田川河口平地上，本丸和二之丸被三之丸整体围绕在内，建有五层或三层的大小天守群，还有 88 座橹，是一座代表近世初期城郭的巨大城郭。

【数据】 复合连接式·望楼型／五层五楼（1958 年外观复原）	
别称	鲤城、在间城、当麻城
筑城年代	天正十七年（1589 年）
筑城者	毛利辉元
主要改建者	福岛正则
构造／主要遗迹	平城／石垣、壕沟、天守·橹·门（复）
所在地	广岛县广岛市中区基町
交通	从广岛电铁"纸屋町"或者"纸屋町东"下车，徒步约 15 分钟

121 福山城
幕府监视日本西部地区的据点

【解说】水野胜成受封备后十万石领主后着手建造此城，将其作为备后藩的藩厅和自己的居城，元和八年（1622 年）竣工。为威慑日本西部地区的外样大名，在"一国一城令"的时代，该城是罕见的新建之城。这座轮郭式城郭规模宏大，把海拔约 20 米的常兴寺山的丘陵处削平，以本丸为轴，二之丸、三之丸环绕其外，除了天守，还有 22 座橹和宽大的多闻橹。

【数据】 复合式·层塔型／五层六楼（1966 年复建）	
别称	久松城、苇阳城
筑城年代	元和五年（1619 年）
筑城者	水野胜成
主要改建者	阿部氏
构造／主要遗迹	平城／天守·御汤殿·月见橹（复）、石垣、壕沟、伏见橹、筋铁御门
所在地	广岛县福山市丸之内
交通	从 JR 福山站徒步约 5 分钟

122 吉田郡山城
往昔沿着山脊建造了 270 多个曲轮

【解说】根据记载，毛利时亲被外派到此做吉田庄的地头，就住在吉田郡山城。大永三年（1523 年），毛利元就入城，进行了大规模的扩建整修。在天文九年（1540年）到天文十年（1541 年）的吉田郡山城战役中，毛利氏击退了尼子诠久率领的三万大军。毛利宗家搬到广岛后，这里实际上成为废城。从相对海拔 190 米的山顶开始，沿着山脊线共有大小 270 多个曲轮。

【数据】	
筑城年代	建武三年（1336 年）左右
筑城者	毛利氏
主要改建者	毛利元就
构造／主要遗迹	山城·平山城／曲轮、壕沟、石垣、土垒等
所在地	广岛县安芸高田市
交通	从 JR 吉田口站坐公交到"安芸高田市役"站下车，徒步约 5 分钟

123 萩城

毛利氏蛰伏的据点

【解说】关原之战后，毛利氏被赶出广岛，成为周防、长门两国的领主，从庆长九年（1604年）起开始建造新的居城。前出到海上的指月山海拔143米，在其山脚下建造了本丸、二之丸、三之丸，在其山顶上建造了诘丸。本丸东南角和东北角配置了橹，西南部有一座复合式望楼型的天守，五层五楼。在城下町残存着许多近世遗留建筑。

【数据】

别称	指月城
筑城年代	庆长九年（1604年）
筑城者	毛利辉元
构造/主要遗迹	平城·山城/天守台的石垣、壕沟、长屋
所在地	山口县萩市堀内二区城内
交通	从JR萩站坐公交到"萩城遗迹·指月公园入口"站下车，徒步约4分钟

124 岩国城

锦带桥连接城郭和城下町

【解说】庆长十三年（1608年），初代岩国藩主吉川广家在横山山顶建城。横山是天然要冲，四周被蜿蜒的锦川环绕。以本丸为中心，西南建有二之丸，东北建有北之丸，另外还有水之手曲轮等。山脚建有府邸。但因为"一国一城令"，仅仅在七年后的元和元年（1615年），这里就成为废城，山脚的府邸变为兵营。锦带桥连接着城郭和城下町。

【数据】复合式·望楼型/四层六楼（1962年复建）

别称	横山城
筑城年代	庆长十三年（1608年）
筑城者	吉川广家
构造/主要遗迹	平山城/天守·旧天守台（复）、石垣、壕沟
所在地	山口县岩国市横山
交通	从JR岩国站坐公交到"锦带桥"站下车，徒步约10分钟，乘坐缆车到达天守阁

岩国城的复建天守（和原天守的位置有差异）

照片 西谷恭弘

125 德岛城

山顶配置本丸的连郭式平山城

【解说】这座近世初叶的梯郭式平山城建造在海拔61米的渭山上，而渭山位于吉野川河口附近的沙洲上。天正十三年（1585年），作为领主进入阿波地区的蜂须贺家政着手扩建整修，第二年竣工。之后，直到明治时代前，这是蜂须贺家十四代人的居城。该城东西约640米，南北约550米，山顶有本丸，而东二之丸、西二之丸和三之丸连为一体，其间有落差。

【数据】

别称	渭山城、渭津城
筑城年代	天正十三年（1585年）
筑城者	蜂须贺家政
构造/主要遗迹	平山城/壕沟、石垣、土垒、鹫之门（复）
所在地	德岛县德岛市德岛町城内
交通	从JR德岛站徒步约8分钟

126 丸龟城

（参见第62、63页）

環绕一宫城本丸的石垣
照片　西谷恭弘

127 一宫城

石垣保存完好的战国山城

【数据】

筑城年代	南北朝时代
筑城者	一宫长宗
构造/主要遗迹	山城/石垣、沟渠、竖壕
所在地	德岛县德岛市一宫町
交通	从JR德岛站坐公交到"一宫札所前"站下车，徒步约35分钟

【解说】这座战国山城中代表四国风格的石垣保存完好。在南北朝动荡时期，守护小笠原氏一族的一宫氏成为该城的首创者。一宫成助虽然成长为阿波地区有实力的豪族，但因为接连和三好康长、长宗我部元亲对立，最后灭亡了。丰臣秀吉出兵四国时，秀长的四万大军包围并攻陷了长宗我部军防守的一宫城。秀吉让蜂须贺家政进入该城，等德岛城竣工，家政便搬到那里，这座城中设置了城番。

128 高松城

日本真正的海城

【解说】天正十五年（1587年），生驹亲正进入赞岐地区，第二年建造该城。宽永十九年（1642年）之后，松平赖重成为城主，直至明治维新前，这里一直是松平氏的居城。这是轮郭式城郭，被三重壕沟所环绕，以本丸为中心，顺时针方向配置曲轮，城墙直接面向大海，海水被引入内壕沟、中壕沟和外壕沟，军船也能直接进出城内。这是代表日本风格的真正海城。

【数据】

别称	玉藻城
筑城年代	天正十六年（1588年）
筑城者	生驹亲正
主要改建者	松平赖重、松平赖常
构造/主要遗迹	平城/橹、门、壕沟、石垣等
所在地	香川县高松市玉藻町
交通	从JR高松站徒步约3分钟

129 川之江城

耸立在中世纪以来的要地上

【数据】望楼型/三层四楼、地下一楼（1986年仿建）

别称	佛殿城
筑城年代	延元二年·建武三年（1337年）
筑城者	土肥义昌
构造/主要遗迹	山城/天守·凉橹·橹门·角橹（复）、石垣
所在地	爱媛县四国中央市川之江町
交通	从JR川之江站徒步约15分钟

【解说】南北朝时代，伊予太守河野氏为了防备统治赞岐地区的细川氏的侵略，让部将土肥义昌建造该城。之后，因为其位于赞岐、阿波、土佐三国的交界处，成为和邻国争夺的焦点，互有攻防，反复不断。丰臣秀吉平定四国地区后，领主更迭不休——小早川、福岛、池田、小川。宽永四年（1627年），因为加藤嘉明转封他处，这里成为废城。

130 | 伊予松山城 (参见第 64—67 页)

131 | 今治城
藤堂高虎建造的海城

【数据】	望楼型／五层六楼（1980 年仿建）
别称	吹上城、吹扬城
筑城年代	庆长七年（1602 年）
筑城者	藤堂高虎
构造／主要遗迹	海城／本丸、二之丸石垣、内壕沟、天守（复）、橹（复）
所在地	爱媛县今治市通町
交通	从 JR 今治站坐公交到"今治城前"站下车，徒步约 3 分钟

【解说】藤堂高虎因为关原之战的战功而成为伊予半国二十万石的领主，在面朝濑户内海的苍社川三角洲左岸建造了今治城。这是一边约 600 米的大规模海城。庆长七年（1602 年）开始建城，庆长十三年（1608 年）左右竣工。这座海城带有引入海水的广阔壕沟和港口等。宽永十二年（1635 年）后，城主变为松平（久松）氏。

132 | 大洲城
日本最大的木造天守

【数据】	复合连接式／层塔型／四层四楼（2004年木造复原）
别称	比志城、地藏狱城、大津城
筑城年代	元弘元年（1331 年）
筑城者	宇都宫丰房
主要改建者	小早川隆景、藤堂高虎、胁坂安治、加藤贞泰
构造／主要遗迹	平山城／天守（复）、石垣、橹
所在地	爱媛县大洲市大洲
交通	从 JR 伊予大洲站徒步约 20 分钟

大洲城的复原天守

【解说】据说镰仓时代末期的元弘元年（1331 年），作为守护进入该地区的宇都宫丰房建造了大洲城。之后，经过藤堂高虎等人的大规模改建，这里形成了伊予大洲藩的城下町。元和三年（1617 年），加藤贞泰入城，之后这里就成为年俸六万石的加藤家族的居城。现存的四座橹被认为是江户末期修建或者改建的，其中遗留的珍贵建筑让人联想到往昔岁月。

133 | 汤筑城
伊予国守护河野氏的城馆

【数据】	
筑城年代	建武三年（1336 年）
筑城者	河野通盛
构造／主要遗迹	平山城／土垒、壕沟
所在地	爱媛县松山市道后公园
交通	在伊予铁道的道后公园站下车，徒步约 1 分钟

【解说】这座河野氏和小早川氏的城郭遗址建造在道后温泉入口的丘陵地带。这座平山城有两重壕沟，壕沟内侧建有土垒。一般认为河野氏是当地豪族，以伊予国越智郡为根据地，在古代末期掌握着中予、东予的实权。据说在足利尊氏起兵后得到河野氏的支持，也就在那时建造了温泉郡汤筑城。

134 | 宇和岛城 (参见第 68、69 页)

135 | 高知城 (参见第 70、71 页)

欣赏大名庭园

作为游乐、散步和锻炼的场所而在领国内建造的回游式庭园

正如飞鸟京、平城京、平安京等皆用"都城"来表达一样，从广义而言，这是一种带有庭园的"城郭"形态。例如，奈良县飞鸟京遗迹上的苑池就是利用朝鲜百济传来的造园技术修建在飞鸟正宫西北的庭园。平城京中建有"东院庭园"，平安京中建有"神泉苑"等。

岁月迁移，所谓最早的大名庭园是战国武将建造的庭园遗迹，诸如从一乘谷朝仓氏遗迹中发掘的汤殿遗迹庭园等。通过平成十九年（2007年）以后对织田信长当年的居城岐阜城的挖掘调查，发现其庭园遗迹规模宏大，甚至带有沙滩。

到了天下太平的江户时代，大名们相继在江户宅邸内建造回游式庭园，将其作为酒宴场所，诸如水户德川家的小石川后乐园、柳泽吉保建造的六义园、小田原藩大久保家的乐寿园（现在的芝离宫恩赐庭园）、从甲府藩滨宅邸演变成幕府将军家别宅的滨御殿（现在的滨离宫恩赐庭园）等。

与此同时，大名们还在领国内的居城附近或其他地方建造庭园，多数和建在江户的庭园一样，属于回游式庭园形式。可以说这是结合各种庭园形式的集大成之作，糅合了平安时代以来的池塘庭园形式、以垒石为主体表现水边景观的枯山水形式以及恬淡的茶室庭园形式等。大名们把建在领国内的庭园当作游乐、散步的地方以及锻炼武艺的场所。

（宫本治雄）

❶栗林庄
高松城以南 2.5 公里处的栗林公园（原栗林庄）。呈现美丽拱形的偃月桥，内里是南湖和湖岸边的掬月亭。延享二年（1745年），在第五代高松藩主松平赖恭时完成造园。这是日本国家指定特别名胜。

❷养翠园

据说养翠园是模仿中国西湖建造的，由海水倒灌形成的湖泊。文政年间（1818—1830年），第十代纪州藩主德川治宝进行了修缮。这是日本国家指定名胜。●

大名领国内的主要庭园

❹清水园（新发田藩沟口家）

❺偕乐园（水户德川家）

❻乐山园（小幡藩织田家）

❽兼六园（加贺藩前田家）

❼养浩馆（福井藩松平家）

❸汤殿遗迹庭园

玄宫园·乐之园（彦根藩井伊家）

❿众乐园（津山藩森家）

❷养翠园（纪州德川家）

❾冈山后乐园（冈山藩池田家）

❶栗林庄（高松藩松平家、现栗林公园）

⓫天赦园（宇和岛藩伊达家）

⓬水前寺成趣园（熊本藩细川家）

⓭仙严园（萨摩藩岛津家、矶庭园）

❸汤殿遗迹庭园

从一乘谷朝仓氏遗迹中发掘出一些庭园遗迹，其中之一就是汤殿遗迹庭园，其以水池为中心绵密配置了垒石。这是日本国家指定特别名胜。

❹ 清水园
清水园 [旧新发田藩下宅邸（大名在江户的宅邸中，建于郊外备用的另一处宅邸。——译者注）庭园] 引入了近江八景。第三代新发田藩主沟口宣直时期建造。这是日本国家指定名胜。

❺ 偕乐园
举办梅花节的偕乐园（常磐公园）。第九代水户藩主德川齐昭开拓临近水户千波湖的七面山，建造庭园。这是日本国家指定历史遗迹和名胜。

❻ 乐山园
江户时代初期织田信长次子信雄建造的庭园，附属于小幡藩二万石的城郭。这是日本国家指定名胜。

❼ 养浩馆
养浩馆是以大水池为中心的回游式林泉庭园，据说在第七代福井藩主松平昌明时期建造的。这是日本国家指定名胜。

❽ 兼六园
兼六园建在金泽城石川门前，据说第五代加贺藩主前田纲纪修建了这个别墅庭园。霞池边的徽轸灯笼（位于右侧）十分出名。这是日本国家指定特别名胜。

❾ 冈山后乐园
冈山后乐园代表元禄文化，历经 14 年才建造完毕。第四代冈山藩主池田纲政在冈山城北侧的低湿地上建造庭园，在此放松身心。最初叫作"御菜园"。这是日本国家指定特别名胜。

❿ 众乐园
众乐园是模仿京都仙洞御所而建的。第二代津山藩主森长继招募小堀远州流派的园艺师，建造此园。森家灭亡后，众乐园归越前松平家所有。这是日本国家指定名胜。

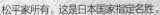

⓫ 天赦园
天赦园内种植着伊达氏家徽上的竹子。第二代宇和岛藩主伊达宗利填海造地，建造此园，幕府末期，第七代藩主宗纪又加以整修。这是日本国家指定名胜。

⓭ 仙严园
该园采用了借景技法，把远处的樱岛当作假山，把近处的鹿儿岛湾看作水池，别名矶庭园，由第二代萨摩藩主岛津光久建造。这是日本国家指定名胜。

⓬ 水前寺成趣园
它的另一个名字即水前寺公园为人所知。熊本藩细川家藩主细川忠利开始建园，到第四代纲利时期竣工。这是日本国家指定名胜和历史遗迹。

九州地区·冲绳地区

名城
地图

若松 138

小仓

136 鹿儿岛本线

博多 福冈县

141 筑肥线

144 139 侄滨 149

西唐津 佐贺县142 137 中津 田坤长线 大分县

伊万里 久留米 久大本线

佐贺 148

佐世保 佐世保线 久保田 丰后竹田 大分

140 丰肥本线 佐伯

长崎县 145

长崎 143 熊本

宇土 熊本县 147

新八代 宫崎县 日丰本线

肥萨线人吉

146

鹿儿岛县

鹿儿岛中央

宫崎

150 日南线

都城 沃肥

151 志布志

154

155 152 冲绳县

那霸 153

🏯 有现存天守的城郭

🏯 有复原天守的城郭

🏰 其他城郭

文字 光成三生

170

136 福冈城

官兵卫建造的坚固之城

【解说】 因为关原之战的战功而成为筑前国领主（523000 石）的黑田如水、黑田长政父子在隔着那珂川的博多西部福崎丘陵上建造了福冈城，将其作为黑田氏代代相传的居城。因为备前福冈和黑田氏家族渊源远流长，于是便将这里的城下町命名为福冈。在约 25 万平方米的内曲轮中建造了 47 座橹，还残留着巨大的天守台。最近弄清一件事，即天守建筑毁坏于元和六年（1620 年）。

【数据】	
别称	舞鹤城、石城
筑城年代	庆长六年至十二年（1601—1607 年）
筑城者	黑田长政
主要改建者	黑田长溥
构造／主要遗迹	平山城／石垣、壕沟、橹、大手门、橹（复）等
所在地	福冈县福冈市中央区城内
交通	从地铁大濠公园站徒步约 5 分钟

137 大野城

太宰府的防卫据点

【解说】 在白江口之战中败北的大和政权于 665 年在太宰府背后的山上建造了这座城郭。这是朝鲜风格的山城，环绕山顶的土垒和石垒的总长度达到 8 公里以上。这里残留着许多往昔遗迹，除了全长 150 米的"百间石垣"和其他大小不等的石垣外，还有基石建筑、埋柱式建筑、城门、水门、水井等。另外，还出土许多经筒等物品。

【数据】	
筑城年代	天智天皇四年（665 年）
筑城者	天智天皇
构造／主要遗迹	山城／石垣、土垒等
所在地	福冈县大野城市・太宰府市・宇美町
交通	从西铁太宰府站徒步约 40 分钟

138 小仓城

最上层有中式风格的天守

【解说】 小仓城将城镇囊括在城内，以紫川和玄海滩为外护城河。废城前，小仓城的天守是独立式，完全没有破风。因顾虑到幕府，为让楼层看上去较少，同时也为防雨，细川氏的天守采用所谓"南蛮造"的中式结构，五楼比挡雨板遮挡的四楼更要外凸。另外，在复原天守时，追加建造了往昔并不存在的破风等。

【数据】 望楼型／四层五楼（1959 年复建）	
别称	胜山城、胜野城、指月城、涌金城、鲤之城
筑城年代	庆长七年（1602 年）
筑城者	毛利胜信
主要改建者	细川忠兴、小笠原氏
构造／主要遗迹	平城／天守・橹・庭园（复）、石垣、壕沟等
所在地	福冈县北九州市小仓区城内
交通	从 JR 西小仓站徒步约 10 分钟

小仓城

139 名护屋城

秀吉侵略朝鲜的据点

【解说】 丰臣秀吉企图侵略朝鲜，在他的命令下，各地大名分工负责，迅速建造完成名护屋城。该城有本丸、二之丸、三之丸、山里曲轮，本丸西北角建有五层七楼的天守。秀吉在这里坐镇一年。要了解介于安土城和庆长年间城郭之间的筑城史，名护屋城可谓是珍贵史料。周围残留着各地大名府邸遗迹 65 处，其中 23 处和名护屋城被指定为日本国家特定历史遗迹。

【数据】

筑城年代	天正十九年（1591 年）
筑城者	丰臣秀吉
构造/主要遗迹	平山城/石垣、土垒等
所在地	佐贺县唐津市镇西町名护屋
交通	从 JR 唐津站坐公交到"名护屋城博物馆入口"站下车，徒步约 5 分钟

140 佐贺城

许多建筑因佐贺之乱被烧毁

【解说】 锅岛家原来是龙造寺家的家臣，在被江户幕府认可为佐贺藩主的庆长十三年（1608 年），开始改建原主公的居城村中城，庆长十六年（1611 年）完工。天保九年（1838 年），第十代藩主锅岛直正时隔 110 年重建本丸，致力于建设强大的佐贺藩，迎来明治维新。在明治七年（1874 年）的佐贺之乱中，几乎所有建筑都被烧毁。

【数据】

别称	佐嘉城、荣城、沉城、龟甲城
筑城年代	庆长十六年（1611 年）
筑城者	锅岛直茂、锅岛胜茂
构造/主要遗迹	平城/御殿（复）、石垣、壕沟、鲸之门、续橹
所在地	佐贺县佐贺市城内
交通	从 JR 佐贺站坐公交到"佐贺城遗迹"站下车即到

141 唐津城

挪用名护屋城的资材

【解说】 文禄四年（1595 年）进入此地的寺泽广高从庆长七年（1602 年）起开始建城，庆长十三年（1608 年）完工。这座平山城建在面朝唐津湾的满岛山上，挪用了当时已经成为废城的名护屋城的资材。建城中，得到了九州地区各大名的协助。在现在天守台石垣下还有一个石垣，当初建城时的天守就耸立其上。

【数据】 复合式·望楼型/五层五楼、地下一层（1966 年仿建）

别称	舞鹤城
筑城年代	庆长十三年（1608 年）
筑城者	寺泽广高
构造/主要遗迹	郭式平山城/天守·门·橹（复）、石垣、壕沟等
所在地	佐贺县唐津市东城内
交通	从 JR 唐津站坐公交到"唐津城入口"站下车，徒步约 5 分钟

唐津城中打造一新的仿建天守

142 吉野里遗迹
弥生时代的环壕部落

【数据】
筑城年代	弥生时代
筑城者	不详
构造/主要遗迹	平城（环壕部落）/城栅·环壕·主祭殿·瞭望橹·高桩式仓库（复）等
所在地	佐贺县吉野里町
交通	从JR吉野里公园站、神埼站徒步约15分钟

【解说】该遗迹位于从脊振山地南麓向平原地带延伸的带状台地上，南北约1公里，东西约600米，面积约690000平方米，是日本最大的弥生时代遗迹。这里残留着从公元前4世纪左右到弥生时代后期的遗迹，对于了解村落向国家演变的进程弥足珍贵。这个遗迹被城栅和环壕围绕，设有土垒和瞭望橹等，展示着日本弥生时代的城郭村的形态。

143 岛原城
建城是引发岛原之乱的诱因之一

【数据】独立式·层塔型/五层五楼（1964年复建）
别称	森岳城、高来城
筑城年代	元和四年（1618年）
筑城者	松仓重政
主要改建者	松平氏
构造/主要遗迹	平城/天守·橹（复）、石垣、壕沟
所在地	长崎县岛原市城内
交通	从岛原铁路岛原站徒步约5分钟

【解说】元和二年（1616年），筑城名人松仓重政进入此地，觉得原城主有马氏的居城日野江城局促，便重新建造了岛原城。该城的特点是高石垣。岛原·天草起义爆发时，松仓重政的儿子胜家是领主。该城整体是石垣结构，有49座橹，据说这种奢华工程给民众带来沉重的负担，这也是诱发暴动的原因之一。松仓氏被免职后，谱代大名接手了岛原城。

从空中看岛原城本丸

144 平户城
下松浦党一族的居城

（松浦党的一支，所谓松浦党，就是割据在肥前国松浦四郡的武士团体。——译者注）

【数据】独立式·层塔型/三层五楼（1962年仿建）
别称	龟冈城、日之狱城
筑城年代	宝永元年至享保三年（1704—1718年）
筑城者	松浦镇信
主要改建者	松浦氏
构造/主要遗迹	平山城/天守·橹（复）、北虎口门、狸橹、石垣
所在地	长崎县平户市岩上町
交通	从松浦铁路田平平户口站坐公交到"平户市役所前"站下车，徒步约5分钟

【解说】庆长四年（1599年），下松浦党的松浦法印（镇信）开始建城，但在庆长十八年（1613年）临近竣工之际，亲自放火损毁了城郭。元禄十六年（1703年），第四代松浦镇信（重信）得到幕府许可，重建该城。这在江户中期也属特例。平户城建在凸出到平户海峡的山丘上，从这里能望到九州地区。城郭建造是基于山鹿素行的兵法学。

本丸御殿（右）和后方的大天守（外观复原）

145 熊本城 加藤清正建造的名城

【数据】 连接式·望楼型／三层六楼（1960年外观复原）

别称	银杏城
筑城年代	庆长十二年（1607年）
筑城者	加藤清正
主要改建者	细川氏
构造／主要遗迹	平山城／天守·南大手门·御殿（复）、石垣、橹
所在地	熊本县熊本市本丸
交通	坐熊本市公交到"熊本城·市役所前"站下车，徒步约10分钟

【解说】 天正十六年（1588年），加藤清正进入熊本（当时叫隈本），天正十九年（1591年）开始筑城，庆长十二年（1607年）居城完工，以此为契机，将地名改作熊本。但此后，加藤被免职，宽永九年（1632年）后，直至明治维新，细川家是这里的领主。这座平山城建在向南延伸的丘陵的宽阔前端及其山脚下，城郭周长约5.3公里，面积约为98万平方米，有大天守、小天守、49座橹、18座橹门、29座城门，是一个大型建筑物群。在技术层面，尤其是石垣的建造上能看到建城名家清正花费的心思。"武者返"石垣的下部是30°左右的缓坡，但到了上方，坡度一下子变陡，再往上近乎垂直。这是由近江地区的石匠集团"穴太方"建造完成。城内的通道犬牙交错，曲折反复，每层石阶的步宽都垒得大小不一。城内原本巍然耸立着连接式望楼型的五层六楼天守，但在明治十年（1877年）的西南战争中被烧毁。尽管如此，城内还是留存下以宇土橹为首的11座橹和城门、长挡墙等，这些建筑被指定为重要文化财产。另外，石垣和壕沟保存状态良好，作为典型的近世城郭，非常珍贵。而且近年来，天守、南大手门和御殿等也相继被复原。

本丸御殿的昭君之屋

建在高石垣上的宇土橹、多闻橹（从左往右）

146 人吉城
残留在石垣中的欧洲技法

【解说】镰仓时代，作为地头进入人吉庄的相良氏守卫这里长达 670 年，直至明治维新。流经人吉市内的球磨川及其支流交汇的地方有丘陵，相良氏利用这里的地形，在山顶建造本丸，在其北边建造二之丸，在球磨川沿岸建造三之丸。宽永十六年（1639 年），这座近世城郭竣工，但在西南战争中被完全烧毁。现在还残留着防人攀越的"刎出石垣"。

【数据】

别称	纤月城、月牙城
筑城年代	建久九年（1198 年）
筑城者	可能是相良长赖
主要改建者	相良义阳、相良赖宽
构造/主要遗迹	平山城/石垣、多闻橹（复）
所在地	熊本县人吉市麓町
交通	从 JR 人吉站徒步约 20 分钟

147 冈城
因"荒城之月"闻名
（明治时期的音乐之父泷濑太郎于 1901 年创作的歌曲。——译者注）

【解说】镰仓时代初期，大野郡武将绪方惟荣在此建造要塞，这就是冈城的起源。文禄三年（1594 年），中川秀成在战国时代城郭的基础上，将其建造成带有城下町的近世城郭。该城位于海拔 325 米的山脊丘陵地上，将山城式的殿舍、平山城式的殿舍（本丸、二之丸、三之丸）、平城式的殿舍（西之丸）等融为一体。高石垣颇为壮观。

【数据】

别称	卧牛城、丰后竹田城
筑城年代	文治元年（1185 年）
筑城者	绪方惟荣
主要改建者	志贺贞朝、中川秀成
构造/主要遗迹	从山城到平山城/石垣
所在地	大分县竹田市竹田冈
交通	从 JR 丰后竹田站徒步约 20 分钟

冈城遗迹上的石垣
照片 西谷恭弘

148 大分府内城
领地内第一座固若金汤的城郭

【解说】大友氏没落后，丰臣秀吉的家臣福原直高进入府内（大分市），开始建城，到竹中重利时期竣工。该城具有水城的要素，面向别府湾，利用大分川做壕沟，曲轮相连，由府内藩主的居馆和武士宅邸构成，具有明显的近世城郭特征。之后，城主频繁更替，直到万治元年（1658 年）松平忠昭成为城主后才稳定下来。

【数据】

别称	白雉城、荷扬城
筑城年代	庆长二年（1597 年）
筑城者	福原直高
主要改建者	竹中重利
构造/主要遗迹	平城/石垣、土墙、壕沟、橹、廊下桥（复）
所在地	大分县大分市荷扬町
交通	从 JR 大分站徒步约 15 分钟

中津城仿建天守

149 中津城
留存在城下町中的江户风情

【数据】	独立式・望楼型／五层五楼（1964年仿建）	
筑城年代	天正十六年（1588年）	
筑城者	黑田如水	
主要改建者	细川忠兴	
构造／主要遗迹	平城／天守（复）、石垣、挡墙等	
所在地	大分县中津市二之丁本丸	
交通	从JR中津站徒步约15分钟	

【解说】丰臣秀吉平定九州后，天正十五年（1587年），黑田孝高（如水）作为丰前六郡的领主进入这里，从第二年起开始建城。因为德川家康颁布的"一国一城令"，该城的废弃问题一度令人担忧，但最终作为特例保存下来。直到明治维新前，这里是中津藩主的居城。明治四年（1871年），该城成为废城，所有建筑都被拆毁，但城郭区划、地名以及城内寺院等处还较好地保留着江户时代的风貌。

150 沃肥城
风雅的九州小京都

【数据】	
筑城年代	正平年间（1346—1370年）
筑城者	土持氏
主要改建者	伊东氏
构造／主要遗迹	平山城／石垣、大手门・松尾丸・门・挡墙（复）等
所在地	宫崎县日南市沃肥
交通	从JR沃肥站徒步约15分钟

【解说】天正十五年（1587年），伊东祐兵进入此地，成为沃肥藩57000石的领主，将这里作为城下町进行真正意义上的整修，不过，并未建造天守。此后，直到明治维新前，伊东氏一直守卫着这里。城下町时代的武士聚居区、普通市民住宅区、寺院区等街区保存良好，昭和五十二年（1977年），部分城郭遗址和武士聚居区被选定为传统建筑物群保存地区。大手门、书院御殿松尾丸得以复原。

151 鹿儿岛城
横向并排的本丸和二之丸

【数据】	
别称	鹤丸城
筑城年代	庆长七年（1602年）
筑城者	岛津家久
主要改建者	岛津重豪
构造／主要遗迹	平城／石垣、壕沟
所在地	鹿儿岛县鹿儿岛市城山町
交通	坐市里的公交到"市役所前"站下车，徒步约5分钟

【解说】初代鹿儿岛藩主岛津家久将此地作为居城后，逐渐扩建，到第八代藩主重豪时，连二之丸都已经扩展到很大的范围了。因为德川不允许岛津氏建造坚固城郭，所以鹿儿岛城结构简单，本丸和二之丸横向排列，也没有天守，是中世纪以来的宅邸样式。明治十年（1877年），该城在西南战争中被烧毁殆尽，连相关的城郭记录和藩厅记录都没有保存下来。

152 胜连城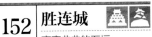
弯弯曲曲的石垣

【解说】该城位于冲绳本岛中部、胜连半岛南侧的丘陵地带，从那里能远眺中城湾，周围环绕着石灰岩石垣。该城由南城、内城、北城构成，位于最高处的北城的"一郭"海拔 100 米。从昭和三十五年（1960 年）开始的发掘调查工作目前还在进行，已经确认了御狱、拱形城门的存在。这里也是阿麻和利的居城，他是势力强大的按司（在冲绳王国的王族中，地位仅次于王子的位阶。——译者注），曾对抗冲绳国王。

【数据】	
筑城年代	13—14 世纪
筑城者	茂知附按司
主要改建者	不详
构造/主要遗迹	山城/石垣
所在地	冲绳县宇留马市胜连南风原
交通	从那霸公交总站坐公交到"胜连团地前"站下车，徒步约 5 分钟

153 中城城
优美石垣和远眺风景是其魅力所在

【解说】这座连郭式城郭建在沿中城湾的高台地上，从东北到西南连成一条直线。15 世纪后半期，遵照国王命令，座喜味城的护佐丸进入中城，但此后被胜连城的阿麻和利灭亡。此后，该城被挪为他用，曾被小学和町公所占用。这里保留着尖顶石垣、拱形石垣门等优美的石造建筑群。

【数据】	
筑城年代	14 世纪后半叶
筑城者	不详
主要改建者	护佐丸
构造/主要遗迹	山城/石垣
所在地	冲绳县北中城村大城
交通	从高速公路北中城匝道开车约 5 分钟

154 座喜味城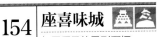
如同屏风的弓形石垣

【解说】这是护佐丸担任读谷山按司时（1420 年左右）的居城，作为琉球王国的防卫线使用，16 世纪被废弃。此处只有"一郭"和"二郭"两个城郭，在登录于世界遗产的五个冲绳城郭中规模最小。和其他冲绳城郭一样，这里的石垣弯弯曲曲，如同屏风，但牢固结实，可以在石垣上行走。第二次世界大战冲绳战役后，这里曾被当作美军基地使用。

【数据】	
筑城年代	15 世纪初叶
筑城者	护佐丸
主要改建者	不详
构造/主要遗迹	山城/石垣
所在地	冲绳县读谷村座喜味
交通	从那霸公交总站坐公交到"高志保"站下车，徒步约 20 分钟

座喜味城的城墙

❶玉陵

巡游首里城

在琉球王朝繁盛年代的遗迹上巡游，这里有登录世界遗产的首里城遗迹，还有被复原的正殿和城墙等

❷守礼门

除了可以乘坐单轨电车，前往首里城最近的公交站"首里城公园入口""首里城前"等，也可以从"石板路入口"下车，沿着金城町石板路走上去。这条坡道曾经连接首里城和王室别墅识名园，目前已被整修过，沿途有休息站和咖啡馆，很有情调感。到达首里城后，先在游客中心的首里杜馆好好了解相关信息，可以通过整个那霸市的大型立体模型粗略把握一下地形，这对接下来的巡游颇有裨益，会在脑海中留下更多印象。

首先前往西面的玉陵，这是历代王室的墓地，虽然是第二次世界大战后重建的产物，但整个石造建筑群厚重感强，

❸园比屋武御狱石门，唯一的城郭遗址

❹欢会门

让人感觉存在了几百年。穿过第二次世界大战后才首次重建的守礼门，前往园比屋武御狱石门，那里是王室的参拜场所，来此参拜的普通市民络绎不绝。

从欢会门终于进入首里城内，从外郭、内郭直至规格最高的御庭，依次接近中心地带。从奉神门进入御庭，那里有石板铺就的广场，被正面的正殿以及北殿、南殿所围绕。

　照片 林正树（朝日新闻社）

首里城地图

龙潭

圆鉴池

❸园比屋武御狱石门
❷守礼门
❶玉陵
首里杜馆
❹欢会门
木曳门
漏刻门
广幅门
奉神门
❺首里森御狱

❺首里森御狱

京之内

弁财天堂
圆觉寺迹
久庆门
万国津梁之钟
瑞泉门
北殿
御庭
❻首里城正殿
南殿

❻首里城正殿

155 首里城

残留在石垣中的欧洲技法

【数据】

别称	御城
筑城年代	14世纪末左右
筑城者	不详
主要改建者	尚巴志、尚真
构造/主要遗迹	平山城/石门、石垣、正殿·门·御狱·城墙（复）
所在地	冲绳县那霸市首里金城町
交通	从轻轨首里站下车，徒步约15分钟

专栏
首里和那霸

现在，首里和那霸被城市街区连接在一起，但往昔，首里是王城所在地，那霸是港口，是外海进入这里的入口，两者截然不同。在没有高楼大厦的年代，从那霸应该能远望到首里城所在的山丘。反之，从首里城的西曲轮，可以将那霸一览无遗。

首里城之夜

这些建筑都是近年重建的，但具有原貌的风格。与日本城郭的天守相比，首里城正殿的建筑风格更接近中国和朝鲜的宫殿的正殿，也有"唐破风"，杂糅成独特的琉球风格。

以正殿为中心，东面是私密性强的王宫，西面是公共空间，根据功能被划分为政治机关、行政机关。城内还残留着宗教场所的遗迹，如参拜场（首里森御狱）、圣地（京之内）等。在外郭附近有圆觉寺、弁财天堂、龙潭等史迹。这些都不能错过。

（光成三生）

城郭索引

本书日文原版工作人员名单

设　计　师：门川纯子

插图·地图：蓬生雄司

　　　　　　青山邦彦

　　　　　　谷口正孝

　　　　　　J map

编　　　著：西谷恭弘

执　　　笔：光成三生

　　　　　　高桥和彦

　　　　　　宫本治雄